40种草花栽培DIY

在家种花真简单

罗文祥／著　　陶宣熙／摄影

U0817353

中国农业大学出版社

分享绿化尖兵的心得成果

我从事花卉园艺教学及推广已有26年多，在办公室内外及家里的阳台种不少的草花及花木，希望学生、同事及左邻右舍在赏花之后，也能惜花、种花。种花是一种园艺活动，须活动筋骨去种它，更须勤于照顾去疼爱它，看它生长、花开花谢，从中获得乐趣，同时美化家园，一举两得。多年推广下来，爱花的人增加不少，但会种花让别人欣赏的人实在不多。七星环境绿化基金会于1992年6月成立，参与都市环境绿化、美化之示范、宣导及教育工作，受聘为执行长使我在环境美化上更有挥洒的空间。

1998年6月罗文祥先生进入基金会，负责环境绿化教育推广工作，自去年与台北市建设局招募绿化志工，接着台北县农业局也跟进，一年下来已有200位志工加入大台北地区美化环境行列。这些人都具有绿拇指，爱花成痴且热心公益。有这些绿化志工的协助，推广绿化，办理绿化宣导活动，就如鱼得水。

ndation

罗文祥先生在研究所念书时，在我的研究室从事马拉巴栗种子发芽生理研究。毕业服役后，请他到基金会协助绿化推广工作，这种工作需要有专业知识、技术与统筹领导能力，更需要热爱花草及全心投入工作的热忱。这本《在家种花真简单》是他这位“绿化尖兵”的心得而书之于笔墨及摄影，使大家得以分享其经验。

台湾大学园艺系教授
李哖

推荐序
第1课
第2课
第3课
第4课
第5课
第6课
第7课
第8课

绿手指的催生者

欣闻罗文祥之大著《在家种花真简单》行将出版，笔者亦可算是本书的催生者之一，因此乐意向广大的读者介绍本书的缘由：

秉持着绿化推广的职志，笔者曾于1997年10月至1999年4月在《中国时报》开辟《绿手指信箱》专栏，以应答各界有关家庭园艺和居家绿化、美化的各类咨询，也许是咨询问题和应答内容切合实际需要，刊载期间引起广大读者热烈的回响，纷纷要求能将内容集结成书，于是笔者特别精选重要而具代表性的问题100题，精编成《家庭园艺绿化锦囊100招》一书，已出版发行。然而笔者每于撰写家庭园艺相关问题的解答时，常感到一些重要而实用的园艺知识，如无土介质、速效肥、缓效肥、摘心、截剪、疏密剪、播种法、扦插法等，由于并非日常习用的名词，必须花费更多的文字和心力才能解释清楚；因此若能有一本系统的书刊，深入浅出地介绍家庭园艺栽培常识，对广大的爱花人士将有莫大的助益，与笔者之上述书籍亦有相辅相成之效果。

罗文祥自小就对园艺栽培有浓厚的兴趣，文化大学园艺系修业期间除研习专业课程外，更经常至花市和农场打工，以汲取实务经验；大学毕业以优异成绩考入台湾大学园艺研究所，跟随李哖教授从事马拉巴栗之生产与储运之研究，由于罗文祥勤奋认真，论文成果丰硕，同时也充实了良好

ndation

的学养内涵；此外，罗文祥近年来办理“大安森林公园绿化教室”与“台北绿化志工队”等推广和训练活动，更培养了丰富的教学技巧和心得，也清楚、了解一般爱花人士的问题所在；因此笔者认为罗文祥实为写作本书的极佳人选。

本书内容大致可分成“总论”和“各论”两个部分。“总论”翔实介绍家庭园艺栽培时所需的各种相关知识，例如花卉选购、介质、浇水、施肥、修剪、繁殖和组合盆栽等各项要点；“各论”则针对40种草花作系统性的介绍，使读者参阅本书后，不但可以正确而轻松地掌握常见草花的栽培要诀；同时也能了解一般花卉的栽培原理和常识。只要您肯用心去观察和思考，并配合实际操作，必能体会书中的各种道理；那么成为一位“绿手指”的园艺家就是指日可待的事了！

台湾大学园艺系副教授
张育森

动手动口动眼
建造草花新世界

“草花”听起来是很娇嫩、很优美又好像是很微不足道的花卉。然而在我学习的过程中，我种过许多植物，包括盆花、切花、观叶、藤蔓及木本植物等等，我最喜欢的还是草花，因为草花给我的成就感最大，它不但生长快速、开花多，而且价格便宜、最容易栽培、花色丰富，唯独生长季节太短，但是相对的，也给我改变环境及追求多变的借口。

多变草花是美化阳台的好帮手

不是我种瓜夸瓜甜，而是我认为有限的阳台空间不应该一成不变，同样的花看一季也该腻了吧！夏天，我最喜欢将蓝星花、红毛苋及马齿牡丹种在长型的花槽或吊盆中，挂在女儿的墙上及屋檐上；冬天则用非洲凤仙花或矮牵牛，偶而点缀紫花马樱丹，让这些植物沿着女儿的墙向下垂，似乎向路人招手，使人不看也不行。同时我还会用各式各样美丽的花盆，将数种植物组合在一起，无拘无束地散落在阳台四处，高高低低、有红有黄，让整个阳台看起来就像是野外的花园。

各种草花生长的时间不尽相同，管理的方法也不一样，有时不小心就淹死了。似乎很多人都是这样，对自己的心肝宝贝太过于溺爱，给了太多的浇灌及关怀，导致它终于受不了而结束生命。碰到这样的情况也不用太气馁、太伤心，因为这是一个新生的契机，让我又有借口逛花市，买些植物回家，也将买花的喜气带回家，同时看腻了的阳台又有了新气象。我很善变吗？为了维持阳台的美丽让我不得不变。

从栽培观察中求取真相累积经验

在七星环境绿化基金会工作两年多，主讲的演讲也有五六十场了吧！常在演讲后的讨论中，感受到人们对园艺的喜爱，也感受到他们对园艺的不知所措，这让我思考我能给这些人什么？园艺是一门应用科学，首重应用及操作，书本虽是能发挥功能的参考依据，但植物栽培的成功更要靠经验累积。我生长在农业家庭，自小就拥有一个后花园。记得我小学过年时，大姐插了一盆菊花，她将剪下来的菊花枝条插入土中，还说不久后会发芽，明年此时会开花。后来我就负起了“护花使者”的任务，没想到菊花真的开花了，从此我就开始注意周遭的花卉，并陆续栽植孤挺花、金针花、韭兰等等。到了初中，陆续用零用钱购买一些参考书，到此我和大部分的人一样，看不懂书中说的，但是我已经拥有十多年的经验了。

在文化大学园艺系就学期间，与数位同学自愿担任实习农场的管理员，又受到系主任李良先生的支持，我们坚持理论与实际并重，因此不论寒暑假，每天只要有空就去农场，就在这种别人看起来似乎是傻子的行为

中（因为大学生多将社团及玩乐摆第一），我获得的最多。之后，就读研究所及进到基金会工作期间，也受到李晖老师及张育森老师的鼓励，不断地从实际经验、栽培观察中求真相，累积经验。

新手入门建议从易栽培草花开始

这本书是我个人的栽培经验，在一次偶然的机会中由张育森老师促成我写这本书，刚开始策划时就确立以实用为主，挑选40种比较好种的草花为主架构，以简单的文字叙述栽培方法，虽然个人的经验无法完全化为文字表达，但是我相信这本书将会是一个很好的开始，只要先由容易栽培的植物下手，得到经验及成就感，再去试着栽植一些须要花更多心思的植物，慢慢观察，那么，您一定会成功。同时还可利用现在发达的资讯，如网络系统，经过网络询问相关栽培问题，也可在网络上获得资讯，非常方便。

最后我还是要叮咛，书本不是万能的，在您看完这本书之后，还须要实际动手去做，动口去问，动眼去观察，最后我相信您家的阳台一定会更加艳丽动人。

羅文祥

罗文祥

1970年生于桃园县观音乡的农村，自小参与农耕，小学自栽培菊花开始启发“绿拇指”，初中时期即已收集花卉栽培书籍两大册共10余本；高中时不顾家人反对及嘻笑，以园艺系为第一志愿，1990年考取“中国文化大学”园艺系，自愿管理实习农场两甲多山坡地，并进入建国花市及滨江花市担任临时人员，更利用闲暇参观各大改良场，足迹遍布台湾；1994年顺利考取台湾大学园艺研究所，进入花卉研究室，研究马拉巴栗产业及参与绿化教学；1998年起担任财团法人七星环境绿化基金会助理技师，主办绿化教育及推广活动，办理“大安森林公园绿化教室”及园艺社，2000年成立“台北绿化志工队”，担任秘书长，常受邀演讲并办理活动无数。

陶宣熙

从事摄影工作多年，所接触的工作大多是商业摄影的范围，人物、简介、食谱等。这次拍摄罗老师的《在家种花真简单》，则是另一种非常不一样的方式及心情。

经过了业前会议，讨论了方针与作业模式后，罗老师送来了相关产品与各种草花，我们也顺利完成第一阶段的工作。接着，问题来了，这些草花怎么办？只好钉了个花台，在后阳台一个阵仗排开，真是一片花团锦簇！随着季节的变化，这片花海新生了许多新生命，不过也有因为自己拙劣的照顾而死掉的。在整个拍摄期的一年内，我不停地向罗老师讨教草花照顾方法，这些草花也由原本的拍摄商品变成我工作室的一份子，看着这些小生命的成长及美化了的工作环境，让我工作时有了不同的心情感受，相信各位读者在看了这本书、亲自栽种后也能心领神会。

如何使用本书

本书以简单易懂的文字，搭配清晰完整的草花植株图片，介绍40种常见且受人喜爱的草花及其栽培方式，并且在本书的前半部分详述有关家庭园艺所需具备的知识与常见问题，让您在栽培草花之前先行了解，有助于您种花成功。

- 以不同色块代表不同草花栽种的难易度。
- 说明该项草花的由来、相关典故。
- 草花的清晰图片，易于辨认。
- 草花小档案，包含别称、英文名称、学名、科名、开花期与花语。

在家种花真简单
中　级　班

Morning Glory

牵牛花

牵牛花是我们小时候就熟悉的一种植物，在乡间的围篱上常常可以看见它的踪影。牵牛花朝开暮谢的特性，常给人一种短暂的美感，因此法国人称它为“清晨的美女”，日本人则称它为“朝颜”。而“牵牛”两字据说是因为农夫服用其种子治好痼疾，心生感谢而牵牛谢恩；也有一说是因为牵牛花开花时正好是七夕，才称为“牵牛花”。

92

◆别称：朝颜、喇叭花、子午花、牵牛子、大花牵牛、裂叶牵牛
◆英名：Morning Glory
◆学名：*Ipomoea nil*
◆科名：旋花科
◆花期：6~10月
◆花语：情爱、爱的羁绊

本书编排上分为先修班、初级班、中级班、高级班与附录。其中，“先修班”为总论，介绍栽花应学的8个课程与挑选花卉的技巧。接下来的“初级班”、“中级班”、“高级班”则是将40种草花依栽培的难易程度做分类，使初学者、已有一般基础者或是喜爱挑战高难度者有可选择的依据；或是您也可以按部就班，依序栽植，在经验与本书的相辅相成下，必能获得栽种花草的成就感与满园春色。最后，“附录”为40种草花在水分、肥料、日照等方面的排行检索以及12个月的花历表，依时序告诉您何时该种什么花、何时可欣赏到何种花的曼妙花影。

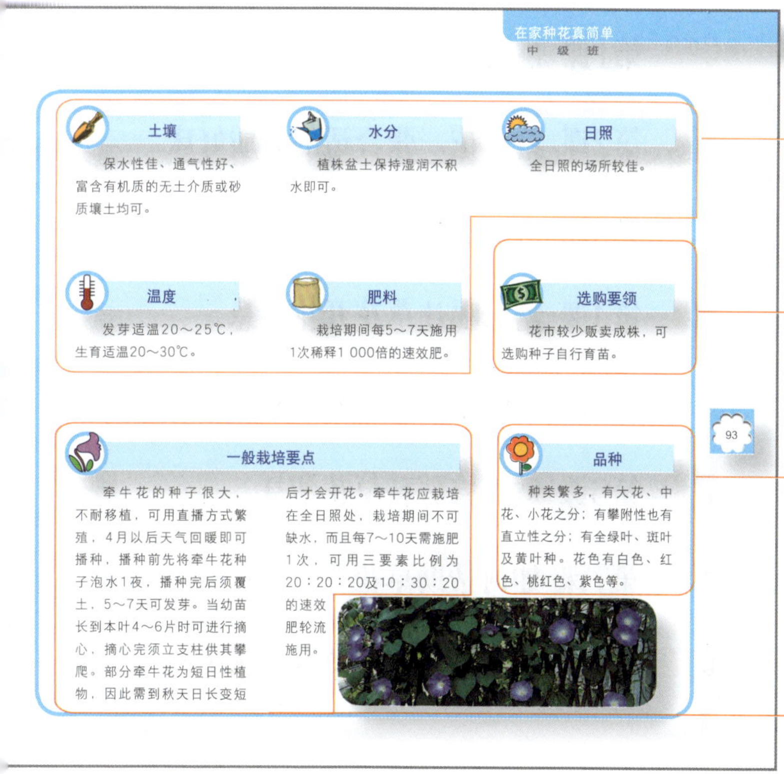
在家种花真简单
中 级 班

土壤
保水性佳、通气性好、富含有机质的无土介质或砂质壤土均可。

水分
植株盆土保持湿润不积水即可。

日照
全日照的场所较佳。

温度
发芽适温20～25℃，生育适温20～30℃。

肥料
栽培期间每5～7天施用1次稀释1 000倍的速效肥。

选购要领
花市较少贩卖成株，可选购种子自行育苗。

一般栽培要点
牵牛花的种子很大，不耐移植，可用直播方式繁殖，4月以后天气回暖即可播种，播种前先将牵牛花种子泡水1夜，播种完后须覆土，5～7天可发芽。当幼苗长到本叶4～6片时可进行摘心，摘心完须立支柱供其攀爬。部分牵牛花为短日性植物，因此需到秋天日长变短后才会开花。牵牛花应栽培在全日照处，栽培期间不可缺水，而且每7～10天需施肥1次，可用三要素比例为20：20：20及10：30：20的速效肥轮流施用。

品种
种类繁多，有大花、中花、小花之分；有攀附性也有直立性之分；有全绿叶、斑叶及黄叶种。花色有白色、红色、桃红色、紫色等。

93

栽植该项草花应特别注意的有关土壤介质、水分、日照、温度、肥料等方面的管理方式。

选购该项草花的要领，如注意根系生长状况或是分枝多寡、是否含苞等。

草花的品种，同一草花或有品种的不同。

总述草花的个别照顾技巧或繁殖方式等。

conten

ts

初级班

conten

中级班

ts

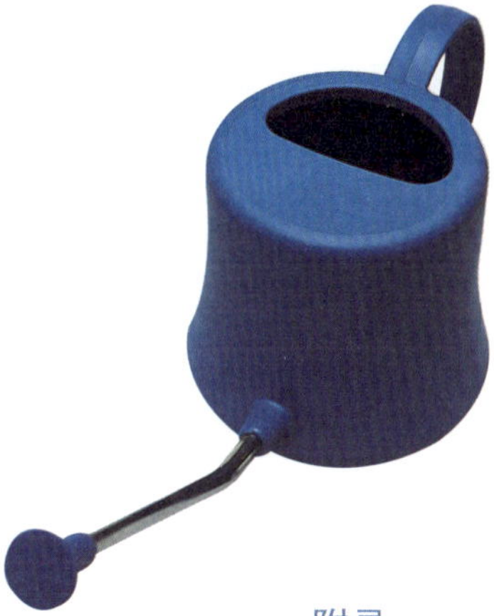

高级班

附录

轻轻松松 种出美丽草花

Fore

一花一世界，种花就像谈恋爱。

以满腔的爱心灌溉草花，草花回报你的是满枝头的美丽花卉。在每一朵草花中，我们见到了一个世界，就像我们在恋爱时，看见的是恋人的美颜与感情交融时所绽放的光亮。

一眠大一寸，种花也像养小孩。

不论是从一颗种子，还是从买回一株含苞待放的植株开始，植物的生命在你手中或茁壮或延续，就如同喂养一个小孩日渐长大，生命的喜悦将是你最大的感动与收获。

不过，无论是谈恋爱还是养小孩，除了爱心，都还需要技巧，种花也一样，植物生命的元素缺一不可，你当然得下点功夫，按部就班地学它一学。

什么是草花？

要学种花就得从认识它们开始，什么是草花呢？草花是植物中栽培最简单、管理最容易的植物。顾名思义，草本的开花植物都可以称为草花，包括路边的紫花藿香蓟、牵牛花等，我们常称的草花是局限于具有商业栽培价值的草本花卉。又有些花卉如报春花、西洋樱草、紫芳草、天竺葵等，我们视为盆花，但是在欧美园艺的应用上仍然为草花。

草花以最适合的观赏期为依据，又可分为一年生及多年生草花。一年生草花从播种到开花、结果不超过365天；而多年生草花则可以延续数年。依此定义，如日日春、四季秋海棠、非洲凤仙花等均有野生，是否该归类为多年生呢？以园艺及观赏价值的角度来看，这些植物的观赏期为一个特定季节，过了这个季节，植株虽然不会死亡，但枝叶逐渐变小甚至掉落，已不再具有观赏价值，故称为一年生草花。

草花高手入门须知

栽培草花虽然很容易，但是仍有须注意及学习的地方，在种植之前应该先有以下的正确观念：

1.草花是有季节性的，纵使不死，也不要让它丑丑地赖在花盆上。

2.草花需要良好的介质，要为它提供优良的环境。

3.草花需要晒太阳，才不会得“自毙症”。

4.草花跟人一样须喝水才活得下去。

5.草花需要较多的爱，不像大树一样可以忍受冷落，而且还须施肥。

6.草花若要长得好，得适度塑身修剪。

Tips

种植草花6要素：介质、水分、日照、肥料、修剪及爱心。

挑盆好花 是成功的开始

草花常用的繁殖方法有两种：播种及扦插。播种繁殖为大部分草花最主要的繁殖方法，而有些草花可以用扦插繁殖，如一串红、彩叶草、非洲凤仙花、天竺葵、粉萼鼠尾草、松叶牡丹、美女樱、马齿牡丹、马缨丹、繁星花、蓝星花、红毛苋等。

一般来说，播种繁殖的草花生长较旺盛，植株株型较紧密且根系多，开花及分枝都会表现出品种特性，且日后的生长发育都很好；而扦插的植株，虽然生长快但是根系较少，可以很明显地看出来，而且枝条自然分枝少，株型较不紧密且容易徒长，幼株时开花较少。

因此在选购草花时须注意以下几点：

1. 先挑选自己喜欢及熟悉的植物，先挑选自己已经种过且成功的植物是很重要的，因为有信心就已经成功一半了。

2.购买当季的植物，先要知道草花生长的时间，不要在季末购买即将过时的草花，这样草花生长的时间会缩短。

3.选购株型对称、植株紧密的植株，一般的草花农场都是露天栽培，因此较不会有植株徒长情形，但是有时因为栽培时株距紧密而产生徒长，会发生植株挺直、节间伸长且下位叶少的情形，这种植株不要购买。

4.选购分枝多者，草花大部分的花都是在顶端的顶芽或侧枝着生，因此选购分枝旺盛者，将来才会开花不断。

5.还可趁老板不注意时将植株取出，观察根系生长情形，健康的植株须根多且颜色很白，有时还可能看见根毛，这些都是植株健康的证明；同时，若植株盘根严重，表示植株已经老化，生育能力衰退，尽量不要购买。

6.当然植株健壮无病虫害也是重要的考虑因素。

Tips

面对花市里繁多的草花，在择定种类后，请挑选株型对称、植株紧密、分枝多、根系健康且无病虫害者。

2 给草花一张合适的介质好床

“介质”翻译自英文Media，它是一种供植物生长的媒介。植物种在地上以土壤为介质，若种在盆子里仍以笨重的土壤为介质，会造成搬运的困难，同时因为土壤的颗粒很细，排水性及通气性都很差，植物容易腐烂，因此我们可以选择土壤以外的物质当作介质，我们称这些物质为“无土介质”或称为“培养土”。

无土介质的种类

无土介质的种类相当多，目前仍然不断地被开发出来，现在就常见及花市购买得到的介绍如下：无土介质分有机及无机两类，有机无土介质有泥炭土、蛇木屑、水草、椰子纤维等；无机无土介质有真珠石、蛭石、发泡炼石、保绿人造土等。以下就其特性一一介绍：

泥炭土

泥炭土大多产于潮湿冷凉的地区，表面的生物不断生长，下层则经过长期的堆积转化为富含有机质、保肥、保水力强且pH值低的泥炭土，一般商品化者均已将pH值调整为中性，是园艺栽培主要的介质。

蛇木屑

蛇木屑由笔筒树等植物的茎经粉碎后制成，它的特性是排水及通气性很好，是种植兰花重要的介质。

水草

又称水苔，质地轻，易吸水，具有保水、通气等功能，适合栽培兰花及好湿的植物。

椰子纤维

椰子纤维是将椰子壳细碎后，制成各种不同大小的颗粒而使用的，排水好、通气性佳，但是保水力差。

真珠石

真珠石是矽酸铝火山岩经1 000℃的高温加热，使水分变蒸气而膨胀成白色小球而制得的，可携带本身重量3～4倍的水分，质轻且通气性佳，是园艺栽培主要的介质。

蛭石

蛭石是类云母的矿物质经760～1 000℃的高温加热膨胀为无数的薄片所制成的，质轻、保水及保肥性佳、通气性很好，是园艺栽培的主要介质。

发泡炼石

发泡炼石是黏土经造粒后，以700℃以上高温烧制而成的，空隙多，质地轻，排水及通气性都很好。

保绿人造土

保绿人造土是人造纤维经打碎制成的，质地轻，不硬化、不腐烂，保水、通气性佳。

Tips

◆ 保水性强的介质：泥炭土、水草、蛭石及保绿人造土。

◆ 排水性好的介质：蛇木屑、椰子纤维、真珠石和发泡炼石。

如何选购及调制培养土？

大部分良好的花卉盆栽介质由两种以上的成分依比例混合而成，市面上有调配好的介质。在选购时最重要的是考虑自己将要种什么样的植物，如植物的需水性如何、根部是否需要通气性好等问题，决定之后再考虑操作方便、价格便宜、清洁无毒等。若选购调配好的介质最好知道它的成分如何，以确保买到的是自己所要的；最好避免购买含有土壤的介质，以免传染病虫害及长杂草。

前面介绍的介质均可在花市购买到，一般来说，泥炭土、水草、蛭石及保绿人造土都是保水性强的介质；蛇木屑、椰子纤维、真珠石和发泡炼石都是排水性好的介质。

若想自己调配介质，可用泥炭土为主要的介质，再加上珍珠石及蛭石，以调配其保水性及通气性，以下推荐几种调配方法作为参考：

1.泥炭：土蛭石：真珠石＝1：1：1
适用于一般植物或较耐旱植物。

2.泥炭土：蛭石：真珠石＝2：1：1
适用于盆栽草花或喜欢潮湿的植物。

3.泥炭土：蛭石：真珠石＝2：2：1
适用于播种或喜欢潮湿的植物。

4.泥炭土：蛭石：真珠石＝2：1：2
适用于根部需通气好的植物，在土壤改良或介质中添加土壤时使用。

无土介质使用前的加水处理

目前市面上所贩卖的介质大部分都略微潮湿，这是因为无土介质一旦干燥后很不容易再吸水，尤其是水草及泥炭土。为改善这个问题，可在介质中加入展着剂，一般居家可以用洗洁精取代展着剂，约1毫升即可达到效果。

介质在栽培植物之前应该先加水，使介质稍微潮湿，目的是使介质与植物间更为密合，而且在浇水时水分能均匀地进入介质中，而不会有浇水浇不透的现象。至于介质该加多少水才是适合的湿度，这完全看介质当时的水分含量而定，但原则上不要将介质调成泥浆。将调合后的介质抓在手上，介质没有多余的水分流出，且张开手掌时，介质仍维持原来团状而不会散开者（右上图），就是水分适当的介质。

旧土也能新生

住在都市里，培养土取之不易，盆栽用过的旧培养土丢弃不但浪费资源，而且可惜。使用过的培养土如果想再利用，只需经过消毒的程序即可。趣味栽培者可用以下几种简易的方法：1.将旧的培养土收集后，放入电锅中，外锅加入1杯半的水，蒸至电锅自动关闭即可。2.将培养土放入塑胶袋中，密封袋口，放在大太阳底下曝晒10天以上（冬天酌量增加天数），曝晒时培养土须保持湿润。

培养土于使用过后，泥炭土可能会因腐化或流失而减少，蛭石结构可能会被破坏，因此经过消毒之后的旧培养土可与泥炭土以1：1混合，或是旧培养土、泥炭土及蛭石以1：1：1混合使用；真珠石的结构较不易被破坏，因此不必添加太多的真珠石。

加水之后的介质，抓在手上须呈团状，没有多余水分流出，手张开后仍维持原状。

1.2.旧土新生法是将旧土收集起来，放入电锅中，加入适量水，蒸至开关跳起即可。

Tips

无土介质使用前应先经过加水处理，否则在浇水时介质会因无法吃水而浮起。此外，在栽培盆中加入略湿介质前，宜先在盆底洞口垫一片不织布，以防止介质流出。

3 有自然光 才会多开花

草花在栽培上一般多使用全日照，也就是在毫无遮阴情况下，让植物接受阳光直接照射。也有一些草花可以适应半日照，就是以遮阴网遮去一半以上的阳光，达到光照减量的目的，通常秋冬季草花较可以适应半日照的环境。

判断自家阳台日照情形

一般居家阳台因为座向及受到隔壁大楼遮阴的影响，不可能达到全日照的情况，以南向的阳台为例，最多也只达到80%的日照，而北向的阳台冬季几乎都没有日光照射，因此不适合种草花。要判断自家阳台的日照情形，可以观察一天中阳光照射的时间，若全日照时间为8小时，而阳台仅有4小时的日照，此种阳台适合栽培半日照以上的草花；而与阳台相邻的室内光照仅有30%～50%，已经不适合栽培草花。此外有些阳台装设雨棚、铝门窗或铁栏杆等，也会影响光度。

到底哪些草花可以适应半日照呢？一般草花在日照不足的情形下，不会立刻死亡，通常会出现开花量减少、徒长、叶片或花色变浅等情况，若栽培在阳台时，植株还会朝外生长而呈现不平衡等情形。因此要寻求适合自己阳台光度的草花，唯有试试看这一途径，没有标准答案，可以先从四季秋海棠或非洲凤仙花等简单的植物着手，观察开花量的多寡，若与花市卖的差不多，那就适合在阳台栽培。

光线不足时可以补光吗？草花类植物与室内观叶植物不同，人工补光对于草花来说效果不佳，还是得靠自然的日光才足够，因此草花是不能种在室内的，已经开花的草花在室内最多仅能持续开花1周，这时供应花苞开花的养分是移植至室内前所累积的。

Tips

阳台是居家光度最充足的地方，适合栽培草花及其他阳性植物，因此应该好好利用。可先种一些简单容易照顾的植物，如非洲凤仙花及四季秋海棠等，观察开花情形，慢慢找出最适合自家阳台的草花。

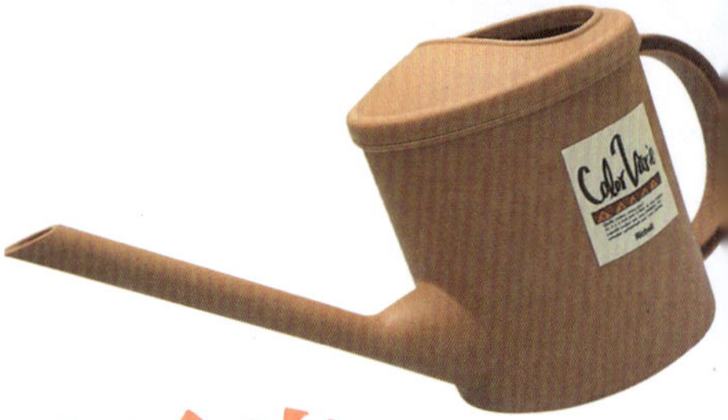

4 给水喝 让草花开花不息

水对植物来说，是决定其生长开花的重要因素之一。植物由于原生地的不同，会有不同的生长习性及对水分的需求，例如，同样是夏天开花的松叶牡丹及夏堇，因为原生地的不同而有不同的需水性。松叶牡丹生长在南美洲的热带地区，因此很耐旱，长期潮湿反而对生长有害；而夏堇则生长在越南的丛林或多雨的地区，因此夏天酷热时必须一天浇水两次，或将它移到半遮阴的地方，否则就算它原产热带也会吃不消。

草花的缺水处理&浇水方法

植物不会开口要水喝，但是如果稍加注意，植物还是会发出一些警讯来要水喝，最明显的是新叶枯萎、嫩芽及新叶不像平常一样张开有生气，反而下垂或皱缩，这种情况如果是发生在中午大太阳时，别急着浇水，这可能是植物对短暂酷热的一种调适；如果过了中午还是这样，或是介质已经干燥，就必须立即浇水。有些植物在缺水时叶色会变淡，更严重时才会枯萎，例如四季秋海棠缺水时叶面会发亮，而且叶色变淡；蓝星花缺水时叶色也会变淡，叶子会卷缩。

当发现植物出现缺水或枯萎等讯号时，不要急着浇水，先检查介质的

湿润程度及植株生长状况，如果植株生长健康而且介质也干燥，就须立即浇水。浇水时最好不要用淋洒的方式，因为有些花遇水易腐烂，而且植物的叶子有雨伞效应，水无法浇进介质去，最好直接浇在盆土上，并且一次浇透，直到水由盆底流出为止；如果盆子下有垫水盘，最好在浇完水后30分钟，将水盘的水倒掉，以免植物腐烂。

植物缺水时最明显的是新叶枯萎、下垂或皱缩。

四季秋海棠缺水时叶面会发亮，而且叶色变淡。

将手指1个指节插入介质中，感受其湿度的一指神功，是判断草花是否该浇水的最佳方法。

草花不同生长期的水分需求

植物在不同的生长时期也有不同的水分需求，幼苗时期对水分的要求特别苛刻，因为介质少同时根系也幼嫩，因此浇水时多以少量多次为原则，或以毛细吸水法浇水。移植后初期（约2周内），植栽生长还未恢复，应该适时控制水分，不可太过潮湿，尤其注意不可淋雨，以免产生腐烂情形，当生长恢复后直至开花期，都以正常浇水即可。

另外，栽培的介质多少也会影响浇水的量，一般以植物树冠宽度来说，当植物树冠宽度超出盆子的时候，就该考虑换大一号的盆子，但是不可直接换大两号以上的盆子，一方面因为植物的根生长到新介质需要一段时间，而这一段时间若浇太多水容易使植物处在泡水的状况；另一方面会浪费很多介质，而且植物与盆子也不相称。此外若植物生长在同一个盆器中太久，通常会发生盘根情形，盘根严重者整个盆子中布满根系，不容易吸水，也会生长不良，须常浇水。

常有人会问多久浇一次水，这个问题没有标准答案，可以用手指检查盆土的湿润程度来决定是否该浇水，方法很简单，将手指1个指节插入介质中，感受其湿润度，如果手指没有沾到任何水分，就该浇水了。一般来说，夏天的草花只要没有下雨，就该天天浇水，而冬天草花1～2天浇1次水。

Tips

草花浇水时最好不要用淋洒或用喷雾的方式，最好直接浇在盆土上，并且一次浇透，直到水由盆底流出来为止。

5 施肥 帮草花补充营养

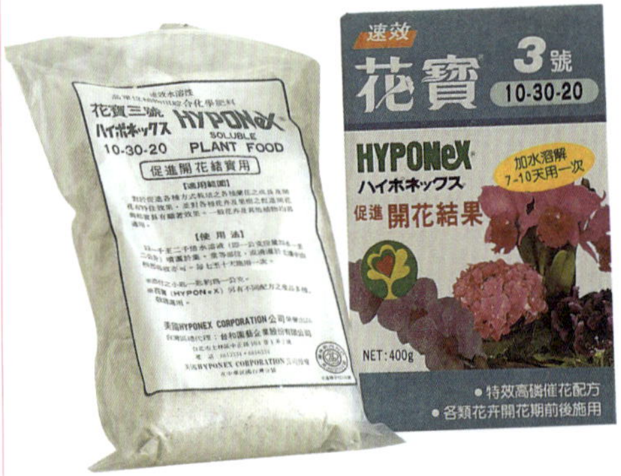

植物生长除需要光、水分及空气之外，肥料也是不可或缺的元素。肥料其实是一些化学物质的混合物，在自然界中就已经存在，这些化学物质构成植物体，并推动植物体内许多的新陈代谢，因此植物才得以生长、开花。自然界的植物不须特别施肥就可以不断循环生长，因为它们已经形成良好的生态；但是盆栽的物质或庭园中的植物，因是人为的栽培，因此必须补充肥料。

常见的肥料分为化学肥及有机肥两大类：化学肥又分为缓效肥或速效肥；而有机肥除一些有机液肥外，大多为缓效肥。速效肥施肥后植物能立即吸收，而且肥料较不容易在介质中保留；缓效肥施肥后，肥料会慢慢地释放出来，供植物吸收，肥效短至1个月或长到数年者都有。

缓效肥

施何种肥&如何施肥？

肥料的种类及施肥的时机依照植物生长状况而定，一般肥料包装上都会有成分含量的百分比，有些直接以3个数字显示，例如花宝3号是10：30：20，表示100克肥料中含有氮肥10克、磷肥30克及钾肥20克。肥料成分中，氮肥含量多者为观叶植物或植物生长时使用，磷、钾肥多者为开花植物使用，又其中钾肥含量特多者，为开花后期或结果期使用。如果初学者不懂调配，使用比例为20：20：20的肥料即可。有机肥及缓效性肥料可以在植物定植前混入介质中使用，以减少日后肥料的使用量；但若是直播的作物或播种用的介质则不可施用肥料，以免伤害到幼根。

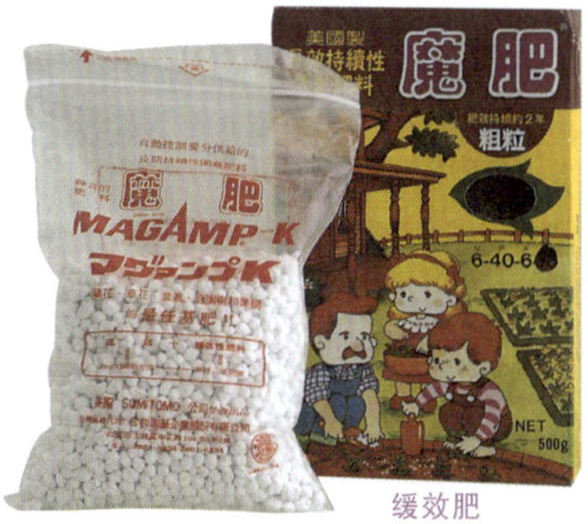

缓效肥

以草花来说，播种后看见本叶长出时即可开始施肥，此时可用三要素含量为20：20：20的速效肥，稀释2 000倍每周1次；当植株长到本叶3片以上时，即可加重施肥量，若仍稀释2 000倍则每周2次，也可稀释1 000倍每周施1次；当植物适合移植时，可在移植用的介质中加入有机肥或缓效性肥（用量依包装说明），并且改用三要素比例为10：30：20的速效肥，稀释1 000倍每周1次，持续施用到花季完。

有机液肥

Tips

草花生长快，用速效肥比缓效肥好，可用三要素比例为20：20：20及10：30：20的肥料轮流施用，稀释后每周使用1次。

适度修剪替草花塑身

绝大部分的人栽培草花都不会注意到修剪问题，甚至认为草花不需要修剪，以免将花苞剪掉而导致不开花，其实如果想要你的花开得长久且美丽，修剪是必要的。草花修剪可分为3种，即摘心、截剪、疏密剪。

摘心

摘除枝条的先端，称为摘心，若仅摘除生长点，又称为软摘心。摘心可促使侧芽生长、多分枝及增加花朵的数目，草花通常在幼苗时期实施，植株本叶5片以上或株高5厘米以上时实施1～2次；自然分枝多的品种应避免实施摘心，以免因分枝多而分散养分使花朵变小；至于不易分枝的草花品种，应多实施数次摘心以促进多分枝。

截剪

截剪又称为短剪，就是将枝条剪短，这也是常见的修剪方法，在植株生长太高时，在枝条基部留数芽而剪去顶端部分，不过若将所有枝条完全剪去，则会造成植株在两周以上没有花朵可观赏，并且形成丛生紧密性植株，其透光性及通气性都不好。

疏密剪

疏密剪采用部分枝条剪短的方式进行，也就是说，1株植物若有5个分枝，且同时在开花，为了不间断开花，又要达到枝条更新的效果，可将其中2个分枝先行截剪，等到剪去的枝条长出侧枝及花苞时，再将第一次未剪去的3个分枝截剪，此种方法就称为疏密剪。此种方法不会使花的观赏期间断，同时达到更新的效果，随时都可以进行，但是对于不容易分枝的品种不适合用。

Tips

刚进行移植的草花应该进行摘心，以增加分枝及花朵数；栽培期间还须进行疏密剪以延长草花观赏期。

如何帮助草花传宗接代

一般人在栽植草花有兴趣之后，通常都会对繁殖草花发生兴趣，而且乐此不疲，从中得到满足感及成就感。草花因为生长寿命短，通常都用播种法来繁殖，种子可在花市购得，也可自行留种。

播种法

自行留种变数多

自行留种常会发生后代植株生育不整齐的现象，最常发生的就是有的非常高、有的很矮，有的开花很大、有的开花很小，或是花色不一致等状况，这些都是因为我们自花市买回来的种子是育种家辛苦培育出来的第一代杂交种，套句老话就是“青出于蓝，胜于蓝”。这种第一代杂交种会将大部分植物的优良性状表现出来，而隐藏了母本有缺失的性状，若再将这第一代杂交种自行留种产生第二代，其表现就完全不同，会显现出母本的缺点，也会产生超级强的植株，因此就发生生育不整齐的现象，因此最好的方法就是找家信用可靠的种子商，购买新鲜纯净的种子。

挑选种子六项原则

一般到花市买种子必须注意6个原则：

1.勿购买来路不明或散装的种子，因为制造及保存过程不清楚，无法得知种子的好坏。

2.目前优良的种子都用真空的铝箔内装，外层再用纸袋包装，而且标示有制造日期及保存期限，因此购买时须注意外包装是否完整有无破损，是否在有效期限内。

3.种子在高热及高湿度的情况下容易失去发芽力，因此须注意贩卖商保存种子的方法及放置种子的地方环境是否合适。

4.选易栽培或常见的种类。

5.不要在花期末期买种子。

6.购买发芽率高的种子。

种子的处理

买到优良的种子就成功了一半，再者就是得先了解所买植物种子的特性，是否无需特别处理。如矮牵牛、彩叶草、夏堇等，种子非常细小，为了不浪费种子，可混合细砂一同撒播；而种子较大者，如百日草、波斯菊、长春花、牵牛花及金莲花

1

2

3

4

5

1.播种时需准备的工具：播种盘、种子、介质、不织布、保鲜膜和胶带。

2.播种所用的介质要干净且没有病虫害及肥料，装好介质后先浇湿。

3.播种时种子与种子的距离可以1个手指头宽度为依据。

4.5.以保鲜膜封住盆子表面，并且在保鲜膜上戳数个洞。

Tips

选购种子时最好不要购买来路不明的种子，最保险的方法就是找家信用可靠的种子商，购买新鲜纯净的种子。

6. 将种子放在阴凉通风的地方。
7. 新鲜种子会在3～7天内发芽。
8. 当小苗高度顶到保鲜膜时，可以除去保鲜膜。
9. 小苗长出两片叶子时可开始施肥，并移植至有日光照射处。
10. 等到小苗叶片约有5片以上时，就可移植至10厘米盆中。

等，应该先泡水6～9小时再播种。三色堇发芽需低温处理，因此可将种子夹在塑胶袋中沾湿并封口，置于冰箱下层5～7天取出播种。

播种的方法

在商业上为了移植方便及容易机械化，播种大都利用穴盘育苗，而一般趣味栽培者用播种盘或盆子就可以。播种所用的介质要干净且没有病虫害及肥料，装好介质后先浇湿。播种时可用撒播或点播，但是以点播比较不浪费种子，将种子一颗一颗地播，种子与种子的距离可以1个手指头宽度为依据。

播种完后轻微地覆盖干净的介质，覆盖的厚度以不超过种子厚度的两倍为主，细小的种子可以不用覆盖介质。播种完成后以保鲜膜封住盆子表面，并且在保鲜膜上戳数个洞，一方面可以保湿，另一方面可以防止种子受到外力的影响。最后将种子放在阴凉通风的地方，静待发芽。新鲜的种子会在3～7天内发芽。

当发现已经发芽时，应将盆子移至光线明亮处，但不可直接在太阳下曝晒。当小苗高度顶到保鲜膜时，可以除去保鲜膜。等到小苗长出两片叶子时，可将其放在早晚有日光直射的地方，以免产生徒长，这时也可以开始施肥，使用三要素比例为20：20：20的速效肥，稀释2 000倍，每周施用1次。当小苗叶片约有5片以上时，就可以移植至10厘米盆中。

扦插法

有部分草花还可以用扦插法来繁殖，例如非洲凤仙花，扦插就是取植株的一段枝条来繁殖。通常都是取枝条先端生育较旺盛者，剪取5～7厘米，扦插于干净的介质中，盆器可用一般的塑胶盆。扦插时注意方向不要相反，一般10厘米盆可插10支左右。扦插完后充分浇水，并用透明的塑胶袋套住，以保持枝条间的空气湿度，直到枝条长出顶到塑胶袋时再除去。

扦插完后将其摆放于阴凉通风处，一般可置于阳台的矮墙下，等到发芽后再移至光线良好处，但不可曝晒于阳光下。

通常扦插的植物会先发芽、长叶再长根，因此不要看见已经发芽就急着移植，等到叶片长出3～5片才可移植。通常扦插繁殖的植株，根系少又很脆弱，因此应小心移植，移植后1周可以正常施肥。

1

2

3

4

5

6

1.2.取枝条先端生育较旺盛者，剪取约5～7厘米。
3.扦插时注意方向不要相反。
4.以铁丝制作支架。
5.用透明的塑胶袋套住，以保持枝条间的空气湿度。
6.扦插完后充分浇水，待枝条长出顶到袋子时再除去塑胶袋。

Tips

植株扦插用塑胶袋套住后，在枝条长至顶到塑胶袋前，须留心盆内水分，观察时可将塑胶袋拆下，察看盆土湿度，若呈干状，可在水盆内加水，30分钟后将余水倒掉。

组合盆栽 创造草花艺术美

欧美人习惯将数种植物种在一起，摆放在庭院、走道、路边或其他建筑空间，用来美化环境。而在都市化地区，非常缺乏庭园空间，因此利用组合式盆栽方式表现出绿意是园艺界未来的重要发展方向。组合盆栽是将数种植物或其他装饰品等，以美感或艺术方法搭配在一起，既不限定种植在同一个盆器中，也不限定以一个盆器表现。因此可以将数种植栽种植在一起，摆放在居家布置中，也可以将数盆不同的植栽摆放在一起，表现出空间层次感。

在栽培组合盆栽时应注意4个要点：

1. 挑选生长习性相同的植物搭配，也就是说栽培草花就不要再去种多肉植物，因为它们其中一个需要多湿的环境，另一个喜欢稍干的环境。
2. 种植时注意层次的表现及预留生长空间，尤其栽培草花时，须先了解将来草花生长的速度及大小，先将未来生长的空间预留出来。
3. 使用非塑胶材质的容器，应注意容器的使用期限及保养，例如使用木器、竹器或其他易腐材质时，可在容器内涂布防腐层或防水层，也可垫塑胶布，经济又实惠。
4. 从美感或艺术角度挑选植物颜色及摆放装饰物。

1. 制作组合盆栽所需用品：大型盆器、培养土、防水塑胶布、剪刀、铲子、钉枪、草花数种。
2. 木质盆器内铺上塑胶布防水。
3. 预留排水孔。
4. 依照草花的高矮层次，依序种上黄花波斯菊、孔雀草、日日春及薄荷等植物。

1. 塑胶容器应在内层放入不织布防止介质流失。
2. 主景植物可用灌木或稍大棵的观叶植物。
3. 依照层次将鸡冠花等种入。
4. 种入日日春及孔雀草时，适度将植栽向外倾，以争取生长空间。

初级班

招生对象：大忙人 · 初学者 · 低耐心者

Basic

Class

只要具有爱心·掌握栽种原则·即使没有经验
一样能种出开花不断的美丽草花

Cigar flower

细叶雪茄花

细叶雪茄花因其叶片细小、且花后结实之形状与英美人士喜爱的雪茄烟极为相似而得名，其英名Cigar flower也是因此意而来。细叶雪茄花生性强健，有很好的耐热、耐旱和抗污染力，因此常被运用于道路或花坛中，再加上其叶形细密且开花繁多的特性，是修饰花坛边缘的极佳材料。现今育种学家也培育出白花的细叶雪茄花（白细雪茄花），虽然其花朵较易掉落也容易得病，但提供了另一种色彩的组合。细叶雪茄花虽结实似雪茄，但因形小且呈绿色，并不明显，主要以观花为主。开花期间也可诱蝶，构成另一种自然景观。

- 别称：红丁香
- 英名：Cigar flower,Firecracker plant
- 学名：*Cuphea hyssopifolia*
- 科名：千屈菜科
- 花期：全年，夏季为盛开期
- 花语：热情的盼望

土壤

富含有机质、排水良好之砂质壤土或是无土介质均可。

水分

具有耐旱的特性，平时2～3天浇水1次即可，夏季时宜酌量增加给水。

日照

以全日照为主，半日照也可。

温度

性喜高温，生长适温为20～30℃，冬季时宜避风。

肥料

于介质中混入有机肥可促进生长及开花，在生长期间每7～10天施用1次稀释1 000倍的速效肥。

选购要领

宜选择低矮、分枝多、株型优良不偏重任何一方，且叶片茂密、浓绿、花苞数多、无病虫害的植株。

一般栽培要点

细叶雪茄花生性强健，耐热、耐旱、抗污染又耐修剪，使得细叶雪茄受到欢迎。只要日照充足、水分足够即适合细叶雪茄的生长，但是若土壤积水，根容易腐烂，使生长受影响。细叶雪茄虽然耐热，但是不耐寒，尤其冬季风大的地方常常会使细叶雪茄难以生长，此时若将它移至较温暖的处所，即可顺利过冬。细叶雪茄生长快速，应于每年春季时进行修剪，并加追肥，夏季则能有更佳的开花情形。肥料可使用三要素比例为20：20：20及10：30：20的速效肥，每7～10天施用1次。细叶雪茄可播种也可以扦插繁殖，有时在植株旁边还可发现小苗，也可挖起来种，繁殖容易。

品种

有红花及白花两种花色，白花市场上较少。

Common Lantana

马缨丹

马缨丹原产热带美洲，除了有不同花色的种类之外，开花时同一花序上的不同小花会随开花时间有深浅的变化，因此又称为“五色梅”。

◆别称：五色梅、如意草、五龙兰
◆英名：Common lantana
◆学名：*Lantana camara*
◆科名：马鞭草科
◆花期：全年
◆花语：严格

土壤

保水性佳、通气性好的无土介质或砂质壤土。

水分

于陆地栽培时耐干旱，但是盆栽时稍微缺水就会影响生长，因此要多浇水。

日照

须日照充足，否则徒长无法开花。

温度

生育适温22～28℃。

肥料

可于介质中加入有机肥，栽培期间每7～10天施用1次速效肥。

选购要领

马缨丹生育强健，花多着生在顶端附近，因此应选购新枝多而且有花苞者。

一般栽培要点

马缨丹生长势强，扦插繁殖容易，一般趣味栽培者均可成功，除了冬季低温外，其他季节均可进行，剪取今年生枝条（枝条尚带有绿色者）约10厘米，扦插于干净的介质中，盖上塑胶布保持湿度，15天左右会发根。马缨丹分枝性稍差，因此定植之后应进行摘心。如果是以容器栽培马缨丹，应早晚浇水，尤其烈日下2天不浇水就会枯死。马缨丹生长快速而且开花多，因此约每7天须施用1次速效肥，以三要素比例为20：20：20及10：30：20的速效肥稀释1 000倍轮流施用。马缨丹生长旺盛的时候还须配合疏密剪，以维持开花不断；冬季开花少时应行强剪，以使植株更新，花开更旺。

品种

花色有黄色、白色及红色系列，另有紫花马缨丹。

Josephs's Coat

红苋、绿苋

绿苋草原产巴西，红苋草为它的栽培种。绿苋草在全日照之下新叶会呈现乳黄色，而红苋草则呈现铜红色；若光度不足时，绿苋草则转为深绿色，而红苋草变成铜绿色，颜色黯淡。

- 别称：法国苋、绿（红）锦苋
- 英名：Josephs's coat, Copperleaf
- 学名：*Alternanthera paronychioides*
- 科名：苋科
- 花期：全年
- 花语：坚忍

土壤

喜欢疏松、肥沃、排水性良好的壤土或是无土介质。

水分

小苗须多浇水，成株后稍干有利于生长。

日照

须全日照，日照不足会生长稀疏。

温度

生育适温15～35℃。

肥料

于介质中混入有机肥有利于生长，每7～10天以速效肥三要素比例30：10：10施用。

选购要领

红苋草及绿苋草多以扦插方法繁殖，因此购买时必须注意根系是否生长完整，同时因为它是以观叶为主，因此选购时注意不要购买老苗，凡是盘根严重或下位叶黄化严重者多属老苗。

一般栽培要点

红苋草及绿苋草为庭园美化上常用的植栽，生性强健、栽培容易。繁殖方法包括分株法或扦插法，以扦插法为主，采取茎先端7厘米为1个插穗，插入干净的无土介质中，约1周即可发根，等到植株生长5～6厘米时，做第一次修剪，剪去约3厘米，即可获得分枝多且生长茂密的植株。此两种植物栽培的土质应加入有机肥，并选用肥沃的壤土，土壤太贫瘠将使生育受阻。栽培期间可施用三要素比例为30：10：10的速效肥，稀释1 000倍每7～10天使用1次。同时为了维持植株生育及观赏价值，栽培期间应该定期实施疏密剪，使植株不致生长过长而老化，也可达到维持矮化株型的目的。

品种

仅分成红苋与绿苋两种。

African Marigold

万寿菊

万寿菊花期很长，每朵花开花的时间也很长，所以被命名为万寿菊。万寿菊也很适合插花，可采花朵做各式花圈及装饰用花，相当耐用。万寿菊和孔雀草一样有讨厌的臭味，但作为切花的大轮品种比较没有味道。

- ◆别称：臭菊、臭芙蓉、蜂窝菊
- ◆英名：African marigold
- ◆学名：*Tagetes erecta*
- ◆科名：菊科
- ◆花期：全年
- ◆花语：友情

土壤

排水良好的砂质壤土或无土介质。

水分

耐旱性强，但保持土壤均匀湿润对生长有利；重瓣种浇水时花不可积水，以免发霉腐烂。

日照

须日照充足，否则植株易徒长、枝条软化且开花小而少。

温度

发芽温度为15～20℃，生育适温10～30℃。

肥料

耐贫瘠，但最好是每7～10天施用速效肥。

选购要领

宜选择植株强健、分枝及花苞多者，重瓣种还须选枝条粗壮者。

一般栽培要点

万寿菊不耐寒喜温热，将种子斜插入介质中，放置于半阴处保持湿度，约1周可发芽，当长出本叶3片以上时应移植，若想生出大朵花，则须摘除侧花芽不要摘顶芽；若是花坛布置用则于移植后即摘心，可促进多分枝且提早开花。万寿菊如果栽植于半阴的地方，容易徒长、枝条软弱且开花少，因此应栽植于全日照处。栽培期间不可施太多的氮肥，以免花朵变小。开花期间浇水时应特别注意，花朵上不要有残留的水珠，以免造成花朵腐烂。万寿菊的花多由顶芽或靠近顶芽的叶腋长出，因此当花谢之后，应及早摘除，以促进多分枝且多花。

品种

万寿菊多为矮性品种，株高25～40厘米，主要作为花坛用；另外有中高性品种，株高约50厘米，主要作为插花或摘花用。

Aerve songuinolenta

紫蔓鸡冠

紫蔓鸡冠又称“紫绢苋”，为苋草科，苋草科的草花种类非常多，举凡鸡冠花、红苋、绿苋、千日红、红毛苋等，苋草科草花共同的特性是生性强健、具耐旱及耐热，因此也多为夏季草花。紫绢苋以观赏叶子为主，然而它也会开花，只是花小不明显，而花型像鸡冠花，因此花市又称它为“紫蔓鸡冠”。

- 别称：紫绢苋
- 学名：*Aerve songuinolenta*
- 科名：苋草科
- 花期：全年
- 花语：心思细密

土壤

对土质要求不高，能保水且不积水均可。

水分

耐干旱，不能长期潮湿。

日照

须全日照，日照不足会徒长。

温度

生育适温15～35℃。

肥料

生长期间每7～10天施用1次速效肥，将三要素比例为20：20：20的速效肥稀释1 000倍使用。

选购要领

紫绢苋以观叶为主，因此植株多半待茎节生长后再出售，因此选购时宜选枝条未老化及下位叶未黄化者，同时须注意盘根不宜太多。

一般栽培要点

紫绢苋生育旺盛，耐旱也耐湿，因此栽培较容易。若应用在庭园须注意定期修剪，以维持新梢生长，若未修剪株形较不美观。通常紫绢苋以扦插繁殖为主，选取枝条每7厘米为1段，扦插于介质中，保持湿度，非常容易发根。紫绢苋若不修剪任其生长，于秋天时会开小花，但花不明显，因此施肥时以三要素比例为20：20：20的速效肥，稀释1 000倍施用。

品种

仅有单一品种。

Evolvulus

蓝星花

蓝星花拥有夏季少见的蓝紫色小花，使人看见它忍不住多看一眼。蓝星花为多年生蔓性草本植物，花腋生，当花盛开时，整个都被蓝紫色小花所覆盖，适合制作吊盆也适合花坛栽培。

- 别称：美国蓝、人字草
- 英名：Evolvulus
- 学名：*Evolvulus nuttallianus*
- 科名：旋花科
- 花期：全年
- 花语：忧郁的爱

土壤

保水性强、通气性佳的无土介质或砂质壤土。

水分

夏季晴天应每天浇水，切忌积水不退。

日照

须日照充足，否则开花少。

温度

生育适温20～28℃。

肥料

栽培期间每5～7天施用1次速效肥。

选购要领

选购分枝多、下位叶完整不黄化者。

一般栽培要点

蓝星花一般均用扦插繁殖，扦插应于4月以后室温20℃以上时进行，选取健壮的枝条5～7厘米，扦插于排水良好的介质中，保持适当的湿度，5～7天即可看见发根，待根群生长旺盛后再移植（约需3周时间）；也可直接扦插于盆中，不需移植。蓝星花虽然耐旱，但对水分的需求也很大，尤其盆器栽培应注意浇水，看见叶子反卷、叶色变浅时，就应该立即浇水，一旦失水虽不至于死亡，但会影响开花。蓝星花生长旺盛，因此当枝条生长太多时应进行疏密剪，可利于开花，也可拿剪下的枝条来扦插。10月以后温度逐渐下降，且日照不足，此时生长逐渐停止且开花少，可将植株强剪，使枝叶更新生长，有利开花。栽培季施肥可用三要素比例为20：20：20及10：30：20的速效肥稀释1 000倍轮流施用，每5～7天施用1次。

品种

仅有单一品种。

Coleus

彩叶草

彩叶草属名*Coleus*、源于希腊语的“鞘”，乃是因为雌蕊而得名，因此又称为鞘蕊花。另外彩叶草的叶形和紫苏很像，因此又称为“锦紫苏”。彩叶草最主要观赏的是它多变的叶形和叶色，尤其叶色斑纹艳丽，多彩多姿，虽是观叶植物但多以草花使用。

◆ 别称：变叶草、锦紫苏、彩叶苋、鞘蕊花
◆ 英名：Coleus
◆ 学名：*Coleus blumei*
◆ 科名：唇形花科
◆ 花期：全年
◆ 花语：善良家风

土壤

保水性佳、通气性好、不积水的无土介质或砂质壤土均可。

水分

须保持盆土湿润，夏天必须多浇水，以免干燥落叶。

日照

全日照及半日照均可，夏季易日烧，以半日照较佳。

温度

发芽适温20～30℃，生育适温20～30℃。

肥料

栽培期间每7～10天施用速效肥。

选购要领

可选购枝叶茂密、分枝多、叶色鲜艳且未有开花者。

一般栽培要点

彩叶草可用播种也可用扦插繁殖，彩叶草种子细小，播种后不必覆土，5～7天发芽，待本叶6片以上即可定植；扦插可取嫩枝约6厘米，插于介质中约10天发根。栽培彩叶草以全日照较佳，但夏季易日烧，可稍微遮阴，应保持介质湿润，尤其夏天枝叶茂盛时早晚都必须浇水。彩叶草虽为观叶植物，但是施肥时以三要素比例为20：20：20及10：30：20的速效肥轮流施用较佳。彩叶草在夏季会开花，应将花芽摘除，以免老化死亡。彩叶草全年均会生长，为保持植株形状及维持生命力，应该做适度地修剪或经常做疏密剪，以使植株更新。

品种

彩叶草叶形有全缘也有裂叶者，有些有波浪、有些则是皱叶。叶色有红、绿、白、黄、橙等颜色相间掺杂着，光彩艳丽。

Yellow Cosmos

黄花波斯菊

黄花波斯菊与大波斯菊是同属不同种的植物，因此在外观的性状上很相似。黄花波斯菊对于生长的环境不是很挑剔，很适合初入门者栽培。它很耐污染，因此任何的安全岛及马路边只要播下种子，加上适度的浇水就能开出美丽的花朵，纤细的花茎随风摇摆，颇能为紧张的都市带来些许轻松的快意。

◆ 别称：无
◆ 英名：Yellow cosmos,Orange cosmos
◆ 学名：*Cosmos sulphureus*
◆ 科名：菊科
◆ 花期：3~11月
◆ 花语：野性美

土壤

对土壤要求不严格，只要疏松且保水性好的土壤均可。

水分

须保持盆土湿润，轻微干旱会导致植株倒伏且不易恢复，影响美观。

日照

须日照充足，日照不足会开花不良。

温度

播种适温15～20℃，生育适温15～25℃。

肥料

栽培期间每7～10天施用1次速效肥。

选购要领

黄花波斯菊生育强健，因此选购时可选分枝多且有花苞者，叶色浓绿者较佳。

一般栽培要点

黄花波斯菊栽培非常容易，耐旱也耐污染，只要日照及水分充足，可在任何土质的情况下生长开花。黄花波斯菊播种后3～5天就会发芽，本叶长到3片以上时就可移植，移植后可立即摘心以促进分枝，开花前再摘1次心。在生长期间应注意多浇水，不可干旱。黄花波斯菊不喜欢土壤太肥，施肥过多反而植株容易倒伏，因此每7～10天施1次速效肥（三要素比例为10：30：20），花开完应摘除，以促进新的花苞产生。

品种

黄花波斯菊有高性种（60～80厘米）及矮性种（25～30厘米）两种，花色有橙黄、鲜黄、鲜红及橙红等颜色，均亮丽鲜艳。

Salvia

粉萼鼠尾草

鼠尾草的英名为Salvia，拉丁语的意思是“救治”或“治疗”，显示此类植物必有药效，药草界称为“Sage”，法国人念“Salvia”为“Sage”，传入英国后就以Sage称鼠尾草了。鼠尾草具有防腐、抗氧化及抑制肉腥味的功能，是许多料理不可或缺的添加剂。

- 别称：一串紫
- 英名：Salvia,Sage
- 学名：*Salvia farinacea*
- 科名：唇形科
- 花期：4~10月
- 花语：强烈思念、智慧、家庭之德、尊敬

土壤

排水良好、富含有机质的无土介质或砂质壤土，不可用酸性土壤。

水分

鼠尾草可忍受轻微干旱，但仍须保持盆土湿润不积水较有利生长。

日照

全日照的场所较佳。

温度

发芽适温20～25℃，生育适温15～30℃。

肥料

在介质中加入有机肥，栽培期间每7～10天施用1次速效肥。

选购要领

粉萼鼠尾草自然分枝性差，因此宜选分枝多、枝叶健壮者。

一般栽培要点

鼠尾草栽培相当简单，在原产地为多年生草本。粉萼鼠尾草可于春季开始播种，种子不可覆土，约10天可发芽，当本叶长至6片以上时可移植同时摘心，在定植前再摘心1次以促进分枝。鼠尾草应栽培在全日照处，半日照下虽会开花，但容易徒长。水分管理上虽然耐干旱，但仍应保持介质湿润，惟不可积水。生长期间7～10天施给三要素比例为10：30：20的速效肥，植株就会开花不断；将花剪掉之后应施三要素比例为20：20：20的速效肥供给植株生长。

品种

鼠尾草种类很多，而粉萼鼠尾草以银白色及蓝紫色为主。

Purslane

马齿牡丹

马齿牡丹为夏日非常耐干旱的草花，花色丰富。开花习性非常特别，只在上午有阳光时开花，下午花朵就闭合起来，所以又称为“半日花”及“日照花”。马齿牡丹是由乡间常见的“猪母乳仔”育种改良而来的，因此台语也称为“猪母乳仔花”，而“马齿牡丹”名称的由来则是依外形而命名，其叶子长椭圆形状似马的牙齿，而花朵形状像牡丹花。

- ◆别称：阔叶半支莲、半日花、日照花、猪母乳仔花
- ◆英名：Purslane,Pusley
- ◆学名：*Portulaca oleracea*
- ◆科名：马齿苋科
- ◆花期：4~10月
- ◆花语：天真、无邪

土壤

排水良好的无土介质或砂质壤土。

水分

夏季晴天应每天浇水，切忌积水不退。

日照

须日照充足，否则容易徒长且花朵少。

温度

播种的发芽适温20～25℃，生育适温15～30℃，冬天易生寒害而死亡。

肥料

于介质中混入有机肥可促进生长及开花，在生长期间每5～7天施用1次速效肥。

选购要领

马齿牡丹生长旺盛，应选购主枝条数多且粗大、枝叶肥厚者较佳。

一般栽培要点

马齿牡丹播种容易，每年3月以后温度回升即可进行。由于种子细小，因此播种时可拌入等量的细沙进行撒播，约1周发芽，待苗长至3厘米左右即可进行移植，移植后摘心。马齿牡丹还可用扦插繁殖，扦插应于4月以后室温20℃以上时进行，选取粗壮的枝条扦插于排水良好的介质中，保持湿度，5～7天即可看见发根，待根群生长旺盛后再移植（约需3周时间）。马齿牡丹虽然耐旱，但对水分的需求也很大，尤其盆器栽培应注意浇水，一旦失水虽不至于死亡，但肉质茎容易萎缩。马齿牡丹枝条生长太多时应进行疏密剪，可利于开花。10月以后温度下降，此时生长逐渐停止，可将不开花的植株拔除，若要留母株隔年扦插，则须减少浇水及施肥量，否则易腐烂死亡。

品种

马齿牡丹为松叶牡丹与野生的马齿苋杂交而来，因此花型单瓣及重瓣均有；花色有黄色、白色及红色系列，开花时一片五彩缤纷。

Melampodium

黄帝菊

黄帝菊为近几年较受青睐的夏季草花，耐旱、耐贫瘠、生长迅速，不需特别照顾就可以生长良好，因此在庭园应用得很多。黄帝菊目前只有黄色品种，开花金黄色，且花瓣单瓣又薄，很像小朵的向日葵，因此又称为“小向日葵”。

- ◆别称：小向日葵
- ◆英名：Melampodium
- ◆学名：*Melampodium paludosum*
- ◆科名：菊科
- ◆花期：4~10月
- ◆花语：你是我的太阳

土壤

保水性强、通气性好的无土介质或是砂质壤土均可。

水分

须保持盆土湿润，尤其于全日照下轻微干旱会导致植株生育不良甚至枯萎。

日照

全日照下植株生长较矮且紧密，半日照下也可开花。

温度

发芽适温18～20℃，生育适温15～25℃。

肥料

可于介质中混入有机肥，在生长期间每5～7天施用1次稀释1 000倍的速效肥。

选购要领

宜选购分枝多、枝叶茂盛、叶色浓绿且已有花苞者。

一般栽培要点

黄帝菊播种容易，种子播于介质中7～10天可发芽。当小苗长至具4～6片本叶时应移植，同时可摘心，以促进分枝，定植前可再摘心1次。黄帝菊定植时不可过分紧密，植株与植株之间应有30厘米以上的距离，否则植株易徒长。夏季全日照高温时应注意浇水，否则容易因叶烧而影响开花，甚至干枯死亡；但是不可积水。黄帝菊生长快速而且开花多，因此应多施肥，除可于介质中混入有机肥之外，还可用三要素比例为10：30：20及20：20：20的速效肥稀释1 000倍轮流施用。另外当植株生长紧密时应开始进行疏密剪，以保持生长状况。

品种

花色仅有鲜黄色。

Vinca

日日春

日日春为常见的大众花卉，生性强健，适合初学者或无时间管理者。日日春一朵花的寿命有3～5天之久，而且每天都有新的花苞绽放，新花旧花、此开彼谢，花期可长达数个月甚至全年，因此称为“日日春”、“日日草”等。

- 别称：长春花、日日草、时钟花
- 英名：Vinca
- 学名：*Catharanthus roseus*
- 科名：夹竹桃科
- 花期：5~10月
- 花语：愉快的回忆、年轻的友情

土壤

较不苛求，富含有机质、排水良好的介质即可，使用无土介质生长较旺盛。

水分

耐干旱，但夏季晴天仍应每天浇水以利生长，切忌积水不退。

日照

须日照充足，否则容易徒长老化而且花朵较少。

温度

播种的发芽适温20～25℃，生育适温20～35℃，冬季低温植株生长缓慢。

肥料

于介质中混入有机肥可促进生长及开花，栽培期间每5～7天施用1次速效肥（三要素比例为10：30：20，稀释1 000倍使用）。

选购要领

日日春各品种间分枝性差异很大，因此选购时应选分枝多且枝条整齐、每个枝条均有花苞者，叶色浓绿也为选购重点之一。

一般栽培要点

繁殖可用播种法，日日春不耐移植，因此最好以容器育苗，播种后隔天即可发芽，当本叶4片以上时即可进行移植，移植后予以摘心促进多分枝。日日春怕积水，因此栽培地不可积水不退。生育期间也应定期摘心及实施疏密剪，以维持多分枝及使植株维持矮化。

品种

日日春花色有白色及红色系，每种颜色花的花瓣中心色泽也不同，因此形成花色丰富且清新可爱的模样。

Acalpha

红毛苋

红毛苋为多年生草本，具有匍匐性，一整串的花序是由无数的红色小花所组成，看起来像是红色的毛毛虫，适合做吊盆，也适合当地被植物使用。

- 别称：无
- 英名：Acalpha
- 学名：*Acalypha pendula*
- 科名：苋科
- 花期：5~10月
- 花语：平凡

土壤

保水性强、通气性佳的无土介质或砂质壤土。

水分

不耐干旱，夏季晴天应每天浇水。

日照

须日照充足，否则开花少。

温度

生育适温15～30℃。

肥料

介质中加入有机肥有利生长，栽培期间每5～7天施用1次速效肥。

选购要领

选购植株健康、分枝多及花苞多者。

一般栽培要点

红毛苋一般均用扦插繁殖，4月后室温20℃以上就可进行，选取健壮的枝条5～7厘米扦插于排水良好的介质中，保持适当的湿度，15天左右即可看见发根，待根群生长旺盛后再移植（约需3周时间）；也可直接扦插于盆中，不需移植。红毛苋不耐旱，对水分的需求量大，尤其盆器栽培应注意浇水，缺水时容易形成叶烧状，会影响生长及开花；连续下雨时花序容易腐烂呈褐色，应摘除可促进再开花。红毛苋生长旺盛，因此当枝条生长太多时应进行疏密剪，有利于水分控制，剪下的枝条还可以扦插。10月后温度逐渐下降，且日照不足，此时生长逐渐停止而开花少，可将植株强剪，使枝叶更新生长，有利来年开花。生长季施肥可用三要素比例为20：20：20及10：30：20的速效肥稀释1 000倍轮流施用，每5～7天施用1次。

品种

仅有单一品种。

Wishbone flower

夏堇

蓝紫色的夏堇，花小而细致，有别于一般在夏天花大而艳俗的草花，而且蓝紫色花在夏天少见。夏堇花由上侧2片淡紫色花瓣及下侧3片深紫色花瓣组成，而花瓣的喉部有黄色的斑块，其中两个雄蕊连在一起像鸡的V型骨，故英名为Wishbone flower。夏堇因耐热在夏季可取代花形相似而喜冷凉的三色堇，所以也称Florida pansy。

- 别称：花公草、花瓜草、蝴蝶草、蓝猪耳、虎口仔
- 英名：Wishbone flower,Florida pansy
- 学名：*Torenia fournieri*
- 科名：玄参科
- 花期：6~10月
- 花语：青春、花样年华

土壤

保水性强、通气性好的无土介质为佳。

水分

须保持盆土湿润，尤其于全日照下轻微干旱会导致植株生育不良，甚至枯萎。

日照

全日照下植株生长较矮且紧密，半日照下也可开花，夏季宜选稍遮阴处较佳。

温度

发芽适温21～24℃，生育适温20～30℃。

肥料

夏堇是重施肥的花，可于介质中混入有机肥，在生长期间每5～7天施用1次速效肥。

选购要领

夏堇生长快速，自然分枝性强，因此可选购分枝多、枝叶茂盛、叶色浓绿且有花苞者。

一般栽培要点

夏堇播种容易，但种子细小，可用细沙混合后再播种，有些种子有包裹胶囊，颗粒较大，方便播种。夏堇种子发芽需要光线，因此播种时不可覆土，浇水可采用浸泡，此时即可开始施肥。夏堇定植时不可过分紧密，植株与植株之间应有30厘米以上的距离，否则植株易徒长。夏季全日照高温时应注意浇水，否则容易叶烧而影响开花，甚至干枯死亡。夏堇生长快速而且分枝多，因此应多施肥，可用三要素比例为10：30：20及20：20：20的速效肥稀释1 000倍轮流施用。另外，当植株生长紧密时应开始软摘心及配合疏密剪，以保持生长状况。

品种

夏堇花小且多，花色有蓝紫色、粉红白、蓝白、纯白等。

Common Cosmos

大波斯菊

大波斯菊并不是原产波斯（现今伊朗），而是因为它自波斯传入，波斯菊其实原产墨西哥。9月底是大波斯菊盛开的季节，而其花型类似樱花，因此日本人称为“秋樱”。大波斯菊生性强健，只须随意播种即可发芽开花，自然分枝性强，枝叶纤细，开花时花茎会伸长，而且花大而明显，随风摇曳，显得相当娇美动人，尤其一大片栽培时，更是壮观美丽。

- 别称：大春菊、秋樱、邱英
- 英名：Common cosmos
- 学名：*Cosmos bipinnatus*
- 科名：菊科
- 花期：9~4月
- 花语：少女的真心

土壤

对土壤要求不严格，只要疏松且保水性好的土壤均可。

水分

须保持盆土湿润，轻微干旱会导致植株倒伏且不易恢复，影响美观。

日照

须全日照，日照不足会开花不良。

温度

播种适温20～25℃，生育适温18～25℃。

肥料

栽培期间每7～10天施用1次速效肥。

选购要领

选购时可选分枝多且有花苞者。

一般栽培要点

大波斯菊栽培容易，于任何土质中，只要日照及水分充足，均可生长开花，但须注意种子所适合播种的时间：早期有长日型（仅秋天开花）品种，近年多是短日型（秋冬开花）品种及对日照较不敏感的品种，此类只要环境适合几乎全年均可开花。大波斯菊播种后3～5天就会发芽，本叶长到4片以上时就可移植，移植后可即摘心以促进分枝，开花前再摘1次心。在生长期间应注意多浇水，不可干旱。于介质中混入有机肥可促进生长及开花。在栽培期间施用三要素比例为10：30：20的速效肥。花开完应摘除残花，以促进新的花苞产生。

品种

大波斯菊有高性种（50厘米）及矮性种（25～40厘米）两种；花期有长日品种及短日品种，现在已有对日照不敏感者。花色有紫红、洋红、淡粉红、白色等，也有双色镶边者。

Scarlet Sage

一串红

一串红拥有鲜红色的花苞，一串串顶生的花序，就像年节使用的爆竹，因此又称“爆竹红”。一串红原产巴西，当地居民认为一串红代表“精力充沛，做事贯彻始终，能够串连下去，颇有耐力”，常常用来当做礼物相送。

- ◆别称：爆竹红、象牙红、西洋红、墙下红、洋刺桐
- ◆英名：Scarlet sage
- ◆学名：*Salvia splendens*
- ◆科名：唇形花科
- ◆花期：9~5月
- ◆花语：热烈的思念

土壤

保水性强、通气性好的无土介质或是砂质壤土为佳。

水分

须保持盆土湿润，过分干旱会导致植株生育不良及提早老化。

日照

须日照充足才能生长茂盛、开花良好，遮阴将导致植株徒长，开花少或花序缩短。

温度

发芽适温20～22℃，生育适温15～30℃。

肥料

于介质中混入有机肥可促进生长及开花，在栽培期间，每5～7天施用1次速效肥，稀释1 000倍使用。

选购要领

选购时以枝条粗壮、叶色浓绿、分枝多且有花苞者较佳。

一般栽培要点

一串红可用播种也可用扦插繁殖，播种温度必须控制在20～22℃，差太多将不利于发芽，播种后10～15天发芽，本叶4片以上可移植，移植后同时摘心，可促进多分枝，开花前可进行第二次摘心。一串红须栽培在日照充足处，开花后应少施氮肥，以免影响开花，可使用三要素比例为10：30：20的速效肥。在水分管理上，土壤应保持湿润。当开完花时，应将花序摘除，可促进侧枝生长多开花。

品种

一串红品系很多，有高性及矮性者，花市贩卖的多是矮性且分枝多的品系，花色有红色、粉红色、紫色及白色等。

French Marigold

孔雀草

孔雀草是由原产于墨西哥的姬孔雀草和万寿菊杂交选种而来的，因此孔雀草与万寿菊的外形相当类似。孔雀草的植株含有特殊的味道，只要沾到汁液，不管洗多少次手都无法去除，这种特殊的臭味具有驱虫及防治虫害的效果。除了茎叶的汁液外，根部的腺体也会分泌出抑制土壤线虫的物质，欧美常借种植孔雀草来防止线虫危害农作物。

- 别称：孔雀菊、细叶万寿菊、西番菊、红黄草、小万寿菊、藤菊
- 英名：French marigold
- 学名：*Tagetes patula*
- 科名：菊科
- 花期：10~4月
- 花语：嫉妒、悲哀

土壤

排水良好的砂质壤土或无土介质。

水分

耐旱性强，但保持土壤均匀湿润对生长有利。

日照

须日照充足，否则植株易徒长且开花少。

温度

发芽温度为20～25℃，生育适温15～30℃。

肥料

耐贫瘠，但最好是每7～10天施用速效肥（三要素比例为20：20：20，稀释1 000倍）。

选购要领

应选购植株强健、分枝及花苞多者。

一般栽培要点

孔雀草播种容易，将种子斜插入介质中，放置于半阴处保持湿度，约1周可发芽，当长出本叶4片以上时应移植，此时先不要摘心，待植株第一朵花产生时再摘花，可促进多分枝且提早开花。孔雀草若栽植于半阴处，容易徒长，开花少，因此应栽植于全日照处。孔雀草的花多由顶芽或靠近顶芽的叶腋长出，因此当花谢后，应及早摘除，以促进多分枝且多开花。

品种

花型有单瓣及重瓣者，花色有由黄到橙黄的变化，也有双色花等。

Wax Begonia

四季秋海棠

很多人把秋海棠称做海棠，其实它们是两种植物，秋海棠是草本，而海棠是木本植物，别再搞错喽！四季秋海棠因为叶子表面有蜡质，用来减少水分的蒸散，所以又称为“蜡叶秋海棠”。在欧美，四季秋海棠可全年开花，因此才称“四季”。

- ◆ 别称：蜡叶秋海棠、瓜子秋海棠
- ◆ 英名：Wax begonia,Bedding begonia
- ◆ 学名：*Begonia×semperflorens-cultorum*
- ◆ 科名：秋海棠科
- ◆ 花期：10~5月
- ◆ 花语：亲切、叮咛、单恋

土壤

保水性强、通气性好的无土介质为佳。

水分

须保持盆土湿润，若水分不足，叶面会呈现银白的反光。

日照

须日照充足，半日照也可，但植株会徒长易倒伏，且开花少。

温度

发芽适温20～25℃，生育适温15～25℃。

肥料

在栽培期间每5～7天施用1次速效肥（三要素比例为10：30：20，稀释1 000倍使用）。

选购要领

四季秋海棠生育旺盛，因此可选购分枝多、植株生长紧密、叶片肥厚浓绿及有花苞者。

一般栽培要点

四季秋海棠种子细小，因此播种时需与细沙混合，播后保持湿度，约10天可发芽，待本叶3片时，将其移植至较大的育苗盘，等到叶片张开至直径约有3厘米以上时，就可移植至10厘米盆培养。四季秋海棠生长很快且密集，因此可在介质中加入长效性基肥，再配合每5～7天施1次速效肥，三要素比例为10：30：20及20：20：20的速效肥轮流使用，即可开花不断。四季秋海棠花期很长，因此当栽培2个月后需进行疏密剪，以轮流更新。

品种

四季秋海棠为十大草花之一，因此各地育种家均努力培育新品系。叶色有绿叶及桐色叶两种，花色则有白色及红色系等。

Busy Lizzy

非洲凤仙花

非洲凤仙花与凤仙花为同属不同种，它们的果实成熟后，只要稍微碰触就会弹出，这种设计主要是让种子能弹得更远，以争取生长空间，因此它们的英文名称才会取为Touch-me-not。

◆ 别称：无
◆ 英名：African touch-me-not,Busy lizzy,Patient lucy,Patience plant
◆ 学名：*Lmpatiens wallerana*
◆ 科名：凤仙花科
◆ 花期：10~5月
◆ 花语：不要碰我

土壤

保水性强、通气性好的无土介质为佳。

水分

须保持盆土湿润，轻微干旱会导致植株软化生育不良。

日照

须日照充足，否则植株徒长，而且容易倒伏开花少。

温度

发芽适温15～20℃，生育适温15～25℃。

肥料

栽培期间每5～7天施用1次速效肥。

选购要领

非洲凤仙花生育旺盛，可选购分枝多、叶片肥厚且浓绿及花苞多者。

一般栽培要点

非洲凤仙花是冬季最盛行的草花，也非常容易栽培，9月就可开始播种，种子不须覆土，播种后1周左右可发芽，等到长出3片以上叶子时可以移植，移植同时可以摘心，以促进多分枝，此时每5～7天施用1次速效肥（三要素比例为20：20：20，稀释1 000倍使用）。定植后改施三要素比例为10：30：20的速效肥，还须注意保持植株的通风，以免茎部腐烂。栽植2个月左右或植株生长紧密时，应该开始进行疏密剪，一方面增加通风，另一方面使植株更新，不至于愈长愈高。

品种

有矮性种（20～25厘米）及中高性种（25～30厘米），也有重瓣种，但较少有人种；花色非常多变，以白色及红色系为主，也有双色及嵌纹色等。

Cypress Vine

茑萝

茑萝是棚架植物中非常细致可爱的一种，它的羽状细裂叶片翠绿精致，花瓣星状的筒状花火红似娇羞的新娘，因此又称“新娘花”。茑萝柔细的茎，蜿蜒蔓生，可达4米以上，很适合做绿篱或做成绿雕盆栽。

- 别称：遊龙草、缕红花、锦屏风、羽叶茑萝、茑萝松、新娘花
- 英名：Cypress vine,Cardinal climber,Star-glory
- 学名：*Lpomoea quamoclit*
- 科名：旋花科
- 花期：5~10月
- 花语：我很忙碌

土壤

对土质的要求不高，只要不积水即可。

水分

须保持盆土湿润，不可使其受到干旱。

日照

须日照充足才能生长茂盛、开花良好。

温度

发芽适温20～25℃，生育适温20～30℃。

肥料

栽培期间每7～10天施用速效肥。

选购要领

花市较少贩卖茑萝的苗，因此可购买新鲜种子自行栽培。

一般栽培要点

茑萝栽培非常容易，只要选好地点将种子撒下，搭好棚架，记得浇水，即可准备欣赏其优美的叶型及花型了。茑萝因为生长很快，很适合做绿雕盆栽，在盆子上以铁丝做成架子，将种子播入，适度引导藤蔓缠绕的方向，很快就会爬满并且开花，非常可爱。若想让茑萝花开得多，施肥是必需的，每7～10天以三要素比例为10：30：20的速效肥施用1次即可。

品种

茑萝依照叶的形状有两种，一种是叶子完全羽状深裂，另一种是槭叶型的。花色则有白色及红色两种。

中级班

招生对象：有拈花惹草经验者

Intermedi

ate Class

虽然需要更多爱 · 照顾心力也加倍 · 只要能满足需求
保证种出成就感十足的绚烂草花

千日红

Bachelor's Button

“白发三千丈”、“千里眼”等，含有千、万等字眼的，都富有很长的意味，千日红就是因为它的花期很长而得此名。千日红是夏天相当常见的草花，会不断地由侧芽冒出花来，几乎全年开花。又因为它的花小呈球状，样似汤圆，故又称“圆仔花”。千日红表面的花朵其实是发育而成的花苞，真正的花并不明显，千日红和不老菊同为西方人自古制成干燥花的材料。希腊时代，千日红和鸡冠花同样被视为不死的象征，特别是勇士更视为珍宝，常在重要仪式时戴上此花，作为勇敢的象征。

- ◆别称：圆仔花、滚水花、手鞠花
- ◆英名：Bachelor's button,Globe amaranth
- ◆学名：*Gomphrena globosa*
- ◆科名：苋科
- ◆花期：4~11月
- ◆花语：不朽、不变的爱情

土壤

喜排水好的砂质壤土或无土介质，忌排水不良的土壤。

水分

相当耐旱，但仍应每天浇水，高湿又不通风时容易腐烂，不可积水。

日照

须日照充足，日照不足易徒长且茎软弱容易倒伏，影响开花。

温度

种子发芽适温为20～25℃，生长适温15～30℃。

肥料

栽培期间每7～10天施用1次速效肥（三要素比例为10：30：20，稀释1 000倍）。

选购要领

选购植株叶色浓绿、分枝多且已见花球者。

一般栽培要点

千日红栽培相当容易，但播种时须注意种子有柔毛不容易吸水，可在播种前先与砂子混合搓揉除毛后再播种。此时施肥可用三要素比例为20：20：20的速效肥每周施用1次。定植后应特别注意介质通气及排水，若连续下雨或积水2～3天容易造成茎部腐烂死亡，须特别注意。花谢后，植株渐黄化枯萎，此时应将残株清除，最好不要自行留种，否则花序会越来越小。若要做干燥花，应在植株枯萎前采收，采用倒吊干燥法即可。

品种

千日红花色有红色、橙红色、橙黄色、白色等数种。

Cockscomb

鸡冠花

鸡冠花乃是因为其花长得扁扁皱皱像鸡冠而得名，日本人直接就叫它“鸡头花”，中文古名也称“鸡头草”。我们欣赏的鸡冠花其实是茎的变形，真正的花是藏在里面的小花，相当不容易看到。鸡冠花的花虽小，但是授粉结实的能力很强，当种子成熟时轻轻拍打就会有许多黑黑圆圆的种子掉下来，收集起来稍微阴干即可播种或收藏，但是尽量不要拿来播种，因为这样会造成花序退化而越来越小。

- ◆别称：洗手花、鸡头花、波罗奢
- ◆英名：Cockscomb
- ◆学名：*Celosia cristata*
- ◆科名：苋科
- ◆花期：4~11月
- ◆花语：爱美、情爱、奇妙、痴情、永不褪色的爱情

土壤

喜排水好的砂质壤土或无土介质，忌排水不良的土壤。

水分

鸡冠花相当耐旱，高湿又不通风时容易腐烂，因此浇水时应均匀湿润，不可积水。

日照

须日照充足，日照不足易徒长，整个花冠会拉长，且茎软弱容易倒伏。

温度

生长适温15～30℃，种子发芽适温为20～25℃。

肥料

每7～10天施用1次三要素比例为20：20：20的速效肥。

选购要领

选购植株叶色浓绿、叶片大而厚实者，最好略见花苞。

一般栽培要点

鸡冠花栽培相当容易，可于4、5月天气稳定以后，到花市购买种子自行播种，苗期应注意不可受到干旱及低温，否则花会早开且花冠变小。施肥可用三要素比例为20：20：20的速效肥，每周施用1次。鸡冠花定植以后应特别注意排水，如果连续下雨或积水2～3天容易造成茎部腐烂死亡。开花期间对氮肥的使用应减少，以免造成茎叶生长茂盛而开花减少的情形；花谢后，植株渐黄化枯萎，此时应将残株清除，最好不要自行留种，否则花序会越来越小。

品种

鸡冠花依用途分为高茎性（株高50～70厘米，切花用）及矮茎性（15～30厘米，草花用）两种；依花形分为头状、羽状及枪状3种；花色有红色、橙红色、橙黄色等数种。

Rose Moss

松叶牡丹

松叶牡丹是因为它的花及叶形而得名，松叶牡丹的花只开半天，而且太阳出来才开，因此又称为“半日花”、“午时花”、“日照花”及“太阳花”等。松叶牡丹在古时又称“金钱花”，因为它的花朵及形状都像金钱，传说还有人以此当金钱还债而蒙骗过关。

- 别称：半支莲、太阳花、午时花、羊马齿苋、半日花、日照花
- 英名：Rose moss,Large flowered purslane,Sun plant
- 学名：*Portulaca garndiflora*
- 科名：马齿苋科
- 花期：5~10月
- 花语：可怜兮兮

土壤

排水良好的无土介质或砂质壤土。

水分

耐干旱，太过湿润容易腐烂，但夏季晴天仍应每天浇水，唯切忌积水不退。

日照

须日照充足，否则生长不良无法开花。

温度

播种的发芽适温20～25℃，生育适温18～30℃。

肥料

栽培期间每7～10天施用1次稀释1 000倍的速效肥（三要素比例为10：30：20）。

选购要领

松叶牡丹的分枝性较差，应选购分枝多、有花苞者。

一般栽培要点

松叶牡丹属于夏季草花，播种容易，每年3月以后温度回升即可进行播种。由于松叶牡丹种子非常细小，因此播种时可拌入等量的细砂进行撒播，约1周即可发芽，待苗长至3厘米左右即可进行移植，同时摘心。松叶牡丹还可用扦插繁殖，扦插应于4月以后室温20℃以上时进行，选取粗壮的枝条扦插于排水良好的介质中，保持适当的湿度，太湿容易烂根，15天左右即可看见发根，待根群生长旺盛后再移植（约需3周时间）。松叶牡丹因为有类似针状叶，因此可忍受干旱，但是盆器栽培也应注意浇水，一旦失水过久，叶色会变为深褐色，虽然不至于死亡，但会使开花减少。松叶牡丹的分枝性差，因此栽培期间应实施摘心或疏密剪，以使分枝增加、开花增多。

品种

松叶牡丹花型有单瓣及重瓣，花有黄色、白色及红色系列。

Zinnia

百日草

百日草由于花朵寿命长，所以称为“百日草”。又由于花期长，历久不凋，因此也称为“千日草”及“长久草”。百日草的花由叶腋长出，而节间也很长，看起来一朵花开得比一朵花高，因此也称为“步步高”。百日草在欧美国家又被称为“庶民之花”或“贫民之花”，家家户户都有栽培，可见它受欢迎的程度。

- 别称：百日菊、火球花、步步高、千日草、长久草
- 英名：Zinnia,Youth-and-old-age
- 学名：*Zinnia elegans*
- 科名：菊科
- 花期：5~10月
- 花语：思念离别的朋友

土壤

保水性强、通气性好的无土介质或是砂质壤土为佳。

水分

须保持盆土湿润，轻微干旱会导致植株生育不良甚至死亡。

日照

日照充足花朵才能硕大，否则植株生育徒长且开花少而小。

温度

发芽适温20～25℃，生育适温20～30℃。

肥料

于介质中混入有机肥可促进生长及开花，栽培期间每5～7天施用1次速效肥（三要素比例为10：30：20，稀释1 000倍使用）。

选购要领

百日草苗期生长很快，因此宜选购植株生长紧密、分枝及花苞多者。

一般栽培要点

百日草可于春季播种，5～7天发芽，苗长出本叶3片以上移植，移植后须放置于全日照处，苗期生长很快，除了在介质中放入基肥外，每5～7天须补充三要素比例为20：20：20的速效肥1次，开花后不可多施氮肥，可改用三要素比例为10：30：20的速效肥。栽培期间应适度摘心，残花也必须摘除，以延长寿命。

品种

百日草品系繁多，有高性大花、中高性中花、矮性大花、矮性中花及矮性小花，也有一代交配种及放任采种等品系，依花型有仙人掌型及大花型，以及单瓣、重瓣之分；花色繁多，除了蓝色及紫色系缺乏外，其余色系均有。

Pentas

繁星花

繁星花为多年生草本植物，小花五瓣呈星形，因此有“五星花”之称。繁星花由许多星形的花瓣聚集成半球状的花簇，同时盛开，常会让人有惊艳的感觉。繁星花也是有名的诱蝶植物，当繁星花盛开时常常会看到群蝶飞舞。

- 别称：五星花
- 英名：Pentas
- 学名：*Pentas lanceolata*
- 科名：茜草科
- 花期：5~10月
- 花语：招蜂引蝶

土壤

保水性佳、通气性好的无土介质或砂质壤土。

水分

于陆地栽培时耐干旱，但是盆栽时稍微缺水就会影响生育，因此要多浇水。

日照

须日照充足，否则无法开花。

温度

生育适温18～30℃。

肥料

可于介质中加入有机肥，栽培期间每7～10天施用1次速效肥。

选购要领

繁星花生育强健，应选购分枝多、枝条粗壮且有花苞者。

一般栽培要点

繁星花生长健壮，扦插繁殖容易，一般趣味栽培者均可成功，除了冬季低温外，其他季节均可进行，剪取今年生枝条（枝条尚带有绿色者）约10厘米，扦插于干净的介质中，套上塑胶布保持湿度，15天左右会发根。繁星花分枝性稍差，因此定植后应进行摘心。以容器栽培时，应多浇水，尤其烈日下若两天不浇水就会产生叶烧，生育受阻。繁星花生长快速而且开花多，应于介质中拌入长效肥做基肥，然后约每7天施1次速效肥，以三要素比例为20：20：20及10：30：20的速效肥稀释1 000倍轮流施用。当花开完时应将残花剪掉，以促进分枝及开花，冬季开花少时应行强剪，以使植株更新。

品种

花色有红色、桃红色及桃白色等。

Morning Glory

牵牛花

牵牛花是我们小时候就熟悉的一种植物，在乡间的围篱上常常可以看见它的踪影。牵牛花朝开暮谢的特性，常给人一种短暂的美感，因此法国人称它为“清晨的美女”，日本人则称它为“朝颜”。而“牵牛”两字据说是因为农夫服用其种子治好痼疾，心生感谢而牵牛谢恩；也有一说是因为牵牛花开花时正好是七夕，才称为“牵牛花”。

- 别称：朝颜、喇叭花、子午花、牵牛子、大花牵牛、裂叶牵牛
- 英名：Morning glory
- 学名：*Ipomoea nil*
- 科名：旋花科
- 花期：6~10月
- 花语：情爱、爱的羁绊

土壤

保水性佳、通气性好、富含有机质的无土介质或砂质壤土均可。

水分

植株盆土保持湿润不积水即可。

日照

全日照的场所较佳。

温度

发芽适温20～25℃，生育适温20～30℃。

肥料

栽培期间每5～7天施用1次稀释1 000倍的速效肥。

选购要领

花市较少贩卖成株，可选购种子自行育苗。

一般栽培要点

牵牛花的种子很大，不耐移植，可用直播方式繁殖，4月以后天气回暖即可播种，播种前先将牵牛花种子泡水1夜，播种完后须覆土，5～7天可发芽。当幼苗长到本叶4～6片时可进行摘心，摘心完须立支柱供其攀爬。部分牵牛花为短日性植物，因此需到秋天日长变短后才会开花。牵牛花应栽培在全日照处，栽培期间不可缺水，而且每7～10天需施肥1次，可用三要素比例为20：20：20及10：30：20的速效肥轮流施用。

品种

种类繁多，有大花、中花、小花之分；有攀附性也有直立性之分；有全绿叶、斑叶及黄叶种。花色有白色、红色、桃红色、紫色等。

Dyssodia

金毛菊

金毛菊开金黄色的小花，叶子小巧细致，乍看之下让人心生怜爱。它具有耐热、耐旱的特性，而且对气候变化的适应性良好。金毛菊枝叶柔软细致，自然分枝性强，适合栽培于花坛，尤其适合当作盆花吊钵或组合盆栽。

- 别称：金丝菊
- 英名：Dyssodia
- 学名：*Thymophlla tenuilobn*
- 科名：菊科
- 观赏期：9~4月
- 花语：我见犹怜

土壤

疏松、肥沃、排水良好的壤土或是无土介质。

水分

应经常保持适当湿度，不可积水也不可干旱。

日照

全日照较佳。

温度

播种适温15～20℃，生育适温15～30℃。

肥料

于介质中混入有机肥有利于生长，每5～7天以速效肥施用。

选购要领

金毛菊的枝条细致、根系纤弱，在选购时除需注意枝叶茂盛、分枝多、花苞多等特性外，还必须特别注意其根系是否生长完整，以及植株与根系交接点是否曾因搬运而受伤，通常容易有由此折断的情形。

一般栽培要点

金毛菊的种子外层有毛，因此发芽较为困难，发芽所需时间也较长，一般花市买到的种子发芽率仅有60%～70%，一般趣味栽培者，买苗回家栽培较易成功。金毛菊的根系较纤弱，因此移植时不可伤到根系。金毛菊对水分的需求并不苛刻，只要不积水也不干燥即可生长良好。此外，因为叶子纤细，因此必须接受全日照，否则光度不足会造成开花量减少。金毛菊开花后生长减缓，但是开花不断，因此应多施磷钾肥，每隔5～7天施用三要素比例为10∶30∶20，稀释1 000倍的速效肥。因为金毛菊多分枝，所以栽培期间不必摘心也不需修剪，但是需将植株放置于通风良好的场所，太过闷热将导致植株根部腐烂。

品种

仅有单一品种。

Rainbow Pink

石竹

石竹可分成两类：一类是以切花为主的，株高90～100厘米，此种石竹以西洋石竹（Dianthus barbatus）较多；另一类以花坛布置为主，株高约30厘米以内，此种就是常称的三寸石竹、五寸石竹及五彩石竹之类，所谓的三寸及五寸是指植株的高度。石竹的枝叶细致、纤柔素雅，花玲珑可爱，因此古人喻之为“花中之林黛玉”。韩国人在很早以前就使用石竹当作占卜的工具，由此可知石竹在很早以前就被人类使用。

- 别称：中国石竹、日本石竹、五彩石竹、伊势抚子、洛阳花
- 英名：Rainbow pink,Chinese pink
- 学名：*Dianthus chinensis*
- 科名：石竹科
- 花期：11~5月
- 花语：女性之爱、女性美

土壤

排水良好、富含有机质的无土介质或黏质壤土均可。

水分

须保持盆土湿润不积水，轻微干旱将导致下位叶黄化影响美观。

日照

全日照或是半日照都可以。

温度

播种适温15～20℃，生育适温15～28℃。

肥料

栽培期间每5～7天施用1次速效肥（三要素比例为10∶30∶20，稀释1 000倍使用）。

选购要领

石竹分枝旺盛，因此选购时可选分枝多且有花苞者，此外也应避免病斑及虫咬者。

一般栽培要点

很多人认为石竹很难照顾，其实只要注意介质排水良好就行了，栽培方法其实相当容易。而且石竹自然分枝性相当强，只要日照及水分充足，均可生长开花。石竹可以播种法也可以扦插繁殖，初秋即可播种，若于冬季播种应注意保暖，播种后待本叶长到5片以上时移植，移植后可立即摘心以促进分枝。在生长期间应注意多浇水不可干旱；多施肥才能开花旺盛，花开完应摘除，以促进新的花苞生长。

品种

石竹品种有三寸、五寸及五彩石竹。花色多为红色、粉红色及桃红色等，也有双色系者。

Baby's Breath

满天星

满天星细小的花朵，带点朦胧的美，彷佛新娘的面纱。满天星具有其他花卉所没有的独特气质，轻盈细致，就像婴儿的呼吸气息，宁静中带点喜悦，难怪英文名称为Baby's breath。

- 别称：匍枝霞草、蔓性满天星
- 英名：Baby's breath
- 学名：*Gypsophila repens*
- 科名：石竹科
- 花期：12~4月
- 花语：天真无邪、无意识

土壤

排水良好、保水性强而且富含有机质的无土介质。

水分

盆土保持轻微湿润不积水即可。

日照

全日照的场所较佳。

温度

生育适温15～25℃。

肥料

在生长期间，每5～7天施用1次速效肥。

选购要领

满天星于育苗期间高温高湿容易烂根，因此选购时要选根系完整、枝叶健壮有花者。

一般栽培要点

满天星的种子非常细小，而且育苗期若湿度未控制好不容易成功，因此趣味栽培者可至花市买苗回来栽培较易成功。满天星叶子细小，因此应栽培在全日照处，水分管理上应保持介质轻微湿润且保持栽培场所通风，不可淋雨。栽培期间每周必须施给速效肥，三要素比例为20∶20∶20及10∶30∶20稀释1 000倍轮流施用，植株就会开花不断。夏季有时也会看见花市贩卖满天星，初学者最好不要购买。夏季宜栽培在半日照处，且须通风良好，介质宜保持半干状态，过与不及均会造成伤害。

品种

满天星分为3种：宿根满天星株高70～90厘米，切花用；霞草株高50厘米，花坛用；葡枝霞草株高15厘米，吊盆及花坛用。此处介绍的专指葡枝霞草，花色有桃红及白色。

Garden verbena

美女樱

美女樱这个美丽的名字乃是由其纤柔细致的枝叶，状似娉婷苗条的少女，再加上其花朵颜色鲜艳酷似樱花，所以称为“美女樱”或“美人樱”。美女樱为马鞭草科相当具有代表性的植物，其花期长达半年以上，开花时形成小球状如绣球花，因此又称“四季绣球”。

- 别称：美人樱、四季绣球、铺地锦、合平南、苏叶梅、马鞭草、圆马鞭草
- 英名：Garden verbena
- 学名：*Verbena hortensis*
- 科名：马鞭草科
- 花期：12~5月
- 花语：（淡红）家和万事兴，（红）协力一致，（紫）迷信，（白）请替我祈祷

土壤

可在贫瘠的土壤生长，但仍须排水良好且富含有机质的栽培介质较佳，在酸性土壤中生长不良。

水分

虽然颇能耐干旱，但栽植于花盆时应注意浇水，保持培养土湿润有利生长。

日照

须日照充足，日照不足易徒长及开花少且较疏散不够繁茂。

温度

可稍耐高温，生长适温5～25℃。夏季高温干燥易遭红蜘蛛为害。

肥料

氮肥过多易导致枝叶过度茂盛而开花少，可每周施用1次速效肥。

选购要领

宜选购分枝多且已有花苞者。

一般栽培要点

美女樱的种皮含有抑制发芽的物质，因此种子发芽不易，而且须做处理才会发芽整齐，趣味栽培者可直接至花市买苗，才不会失败。开花期间应注意保持介质湿润，不可缺水。开花完应将整个花梗摘除，可维持较长的花期也较为美观。当植株枝条生长太长且凌乱时，应进行疏密剪，或一次将所有枝条修剪至剩余10厘米，修剪完再配合浇水及施肥，使萌发新芽，重新开花。美女樱忌氮肥过多，否则会导致开花少，栽培期间可用三要素比例为20：20：20或10：20：30的速效肥轮流施用。美女樱因为在酸性土壤中生育不良，因此每年需在花期结束之后进行换土，并加入有机肥。

品种

美女樱种类相当多，匍匐者适合盆花、吊钵及花坛栽培；直立性者适合盆栽、花坛栽培，另有细裂叶品种。花色相当丰富，有白色、蓝色及红色系列，也有花心与花瓣不同颜色者，相互搭配形成多变有趣的花色。

Petunia

矮牵牛

常有人误以为矮牵牛是迷你的牵牛花，其实它们是不同科属的植物，一点儿关联也没有。牵牛花属名*Petunia*，来自巴西语的Petun，是烟草的意思，此乃因为其植株全身布满与烟草相同的黏质绒毛，另外还有许多腺体，会分泌黏液，用手触摸会有黏黏的感觉。

- ◆ 别称：毽子花、碧冬茄、灵芝牡丹、矮喇叭、番薯花、撞羽朝颜
- ◆ 英名：Petunia
- ◆ 学名：*Petunia hybrida*
- ◆ 科名：茄科
- ◆ 花期：10~4月
- ◆ 花语：有你在我就安心、与你同心

土壤

对土壤较苛求，喜保水力强、疏松排水好的无土介质，使用壤土栽培生长较差。

水分

矮牵牛喜湿润的环境，若缺水枝条立即软化下垂，尤其吊盆更须注意。浇水时尽量不要浇到花，也不可淋雨，以免花早谢腐烂。

日照

须日照充足，日照不足易徒长及开花少。

温度

喜欢冷凉的气候，生长适温10～20℃，高温枝叶会黄化死亡。

肥料

栽培期间每5～7天施用1次速效肥。

选购要领

购植株紧密、分枝多、叶色浓绿及花苞多者。

一般栽培要点

矮牵牛的育苗期较长，生长缓慢，因此趣味栽培者可于秋天气温较凉爽时到花市买苗栽培，当日照良好且温度降至20℃以下时生长快速，开花不断。矮牵牛自然分枝性较差，因此栽培后应进行摘心，或者种植2个月后应进行疏密剪，以使枝条更新，避免徒长。矮牵牛日照越充足开花越多，且花不可淋雨，至春末高温多湿时，根群老化，枝叶易黄化腐烂死亡。矮牵牛也有耐热的品种，但于夏季仍要遮阴，否则会日烧影响生长。

品种

矮牵牛有单瓣、重瓣之分，花色繁多且富变化，有白色、红色、深红色、粉红色、紫色、深紫色、蓝色、深蓝色、黄色、白底红纹、红底白纹等。

Garden nasturtium

金莲花

金莲花因为圆圆的叶子，像是莲花，但是它生长在陆地，因此称为“旱荷花”或“旱金莲”；又以金黄色的花为主，才会命名为“金莲花”。金莲花全株均可食用，茎叶肥厚含有淀粉，也含有类似山葵的辛辣芳香味，可夹在三明治，也可当沙拉鲜食，甚至沾面糊油炸，欧洲人常将不同颜色的金莲花加在沙拉中以增加颜色及美味。

- 别称：荷叶莲、旱荷花、旱金莲
- 英名：Garden nasturtium,Tall nasturtium,Indian cress
- 学名：*Tropaeolum majus*
- 科名：金莲花科
- 花期：12~4月
- 花语：爱国心、战利品

土壤

保水性强、通气性好的无土介质或是黏质壤土均可。

水分

保持盆土轻微湿润即可，不可经常维持在潮湿状况。

日照

全日照或是半日照都可以，但以全日照花开较鲜艳且多。

温度

发芽适温15～20℃，生育适温12～25℃。

肥料

栽培期间每7～10天施用1次速效肥。

选购要领

金莲花不耐移植多以直播为主，因此选购时宜注意根系需完整（以保持活力），选择分枝及花苞多者。

一般栽培要点

金莲花播种容易，但不耐移植，应直播于花坛中或以容器育苗。金莲花种子含有坚硬的种壳，因此播种之前先以小刀划破（深度约0.05厘米），再以清水浸泡24小时后播种，播种时采点播，植株之间距离约20厘米，可两个种子播在一盆。金莲花若常保持在潮湿状况，将会导致枝叶茂盛而开花少，因此只要保持介质轻微湿润即可。苗期可以三要素比例为20：20：20的速效肥施用，至开花期改以三要素比例为10：30：20的速效肥7～10天施用1次。金莲花不耐高温，当温度超过25℃时，节间会缩短而叶子也变小，慢慢会枯萎死亡，此时可在植株死亡前采种子保存，留待来年再种。

品种

金莲花有单瓣及重瓣之分，叶色也有具斑纹者，花色除了金黄色外，还有桃红色、绯红色、鲑肉红色、黄色、橙红色等。

Sweet Alyssum

香雪球

香雪球“Alyssum”是希腊语“不疯狂”的意思，据说香雪球是治疗狂犬病的良药，因此英国称之为“疯狂草”。香雪球与荠菜非常相似，因此又称“庭荠菜”。香雪球花朵非常细小，盛开时一片雪白的花海，花期长又有香味，才会命名为“香雪球”。

- 别称：疯狂草、庭荠菜
- 英名：Sweet alyssum
- 学名：*Lobularia maritima*
- 科名：十字花科
- 花期：12~4月
- 花语：优美

土壤

保水性佳、通气性好、富含有机质的无土介质。

水分

植株盆土保持湿润不积水即可。

日照

全日照的场所较佳。

温度

发芽适温15～20℃，生育适温10～20℃。

肥料

栽培期间每7～10天施用1次速效肥（三要素比例为10：30：20，稀释1 000倍使用）。

选购要领

可选购植株生长旺盛、根系完整且开花多者。

一般栽培要点

香雪球的种子细小，9月以后即可播种，可将种子混合细沙以撒播方式育苗，播种完后须覆土，5～7天可发芽，幼苗长到3厘米时可进行移植。香雪球叶子细小，因此应栽培在全日照处，日照不足会导致徒长，且开花稀少。香雪球生育期间不可缺水，开始开花后应节制施肥，尤其氮肥应减少，过多的氮肥会导致徒长。

品种

花色有桃红色、紫色及白色等。

Giant Spider Flower

醉蝶花

醉蝶花这个很浪漫的名字，不是因为蝴蝶吸了它的花蜜会陶醉，而是因为它的花像蝴蝶，风吹来时摇曳飞舞如蝴蝶，也称为“拟蝶花”或“风蝶草”。它的英文名字Spider是蜘蛛的意思，意为大蜘蛛花，也是因为它长长的花丝而命名的。

- 别称：西洋白花菜、拟蝶花、风蝶草、紫龙须
- 英名：Giant spider flower
- 学名：*Cleome spinosa*
- 科名：白花菜科
- 花期：3~10月
- 花语：你的容貌令我陶醉

土壤

可选排水良好及通气性佳的无土介质或砂质壤土；若露地栽培，土层需有20厘米以上。

水分

须保持盆土湿润，但不可积水，夏天必须多浇水，可忍受轻微干旱。

日照

全日照或半日照均可开花。

温度

发芽适温18～20℃，生育适温15～35℃。

肥料

可先于栽培介质中混入有机肥，栽培期间每7～10天施用速效肥。

选购要领

可选购植株生育强壮且已有花苞者。

一般栽培要点

醉蝶花一般均以播种繁殖，可于春、秋两季播种，醉蝶花为直根系，较不耐移植，因此可用直播或容器育苗，栽培地的土层要有20厘米以上才可生长良好。醉蝶花喜欢干燥而温暖的环境，对土质不挑剔，只要排水良好即可栽培。栽培期间每7～10天以三要素比例为10：30：20及20：20：20的速效肥轮流施用。醉蝶花开花后会结种子，当种荚成褐色时即可采摘，不可等到种荚完全干燥，因为种荚会自动弹开。

品种

醉蝶花的品种较少，花色大多为粉红色、鲜红色及桃红色等。

Ageratum

藿香蓟

近年育种出矮生种，株高约20厘米，也有大花高性种供切花用。

◆ 别称：胜红蓟、毛麝香、一枝花、咸虾花、南风草、柳仔黄、碟子草
◆ 英名：Ageratum,Floss flower
◆ 学名：*Ageratum houstonianum*
◆ 科名：菊科
◆ 花期：6~10月
◆ 花语：信赖

土壤

保水性佳、通气性好、富含有机质的无土介质或砂质壤土均可。

水分

植株盆土保持湿润不积水即可。

日照

全日照及半日照均可生长良好。

温度

发芽适温20～25℃，生育适温18～30℃。

肥料

栽培期间每5～7天施用1次速效肥。

选购要领

可选购植株低矮紧密、分枝多、有花苞者。

一般栽培要点

以前藿香蓟给人的感觉是野草，最近矮生种育出后，花市偶有贩卖。藿香蓟自行播种容易，10天左右发芽，待本叶5片以上时可移植，移植同时可行摘心。藿香蓟株型较矮小，因此栽培时宜注意通风及排水，炎夏时稍遮阴生长较佳。可于介质中加入有机肥，施肥以三要素比例为20：20：20及10：30：20的速效肥轮流施用。

品种

有矮性种（约20厘米）及高性种(约70厘米)，花色有白色、深紫色、蓝色、紫青色等。

高级班

招生对象：好挑战者·不畏失败者·特立独行者

Advanced

Class

个性独特艳冠群芳 · 超级高手按部就班
再难伺候也能栽出满园春色

Flowering Tabacco

花烟草

花烟草在欧美的习俗是不适合送给朋友的，因为它有提醒朋友“过于迷醉和颓废，有小聪明，也颇娇艳，但是对朋友有害”的意思。因此，花烟草不可随意送人，以免弄巧成拙。花烟草与制香烟的烟草同属，烟草是夜晚开花芳香，而园艺品种的花烟草是白天也会开花，夜晚芳香。

- 别称：美花烟草、烟仔花、烟草花、星星花、尼古丁花
- 英名：Flowering tabacco,Nicotiana
- 学名：*Nicotiana sanderae*
- 科名：茄科
- 花期：3~5月
- 花语：放弃、反悔

土壤

富含有机质、排水良好之砂质壤土，或含珍珠石的无土介质。

水分

土壤应保持湿润，但是不耐长期潮湿及积水。

日照

须全日照，日照不足开花量少。

温度

生长适温10～25℃，播种适温20～25℃。

肥料

介质中混入有机肥，在生长期间每5～7天施用1次三要素比例为10：30：20的速效肥，稀释1 000倍使用。

选购要领

宜选择节间短、分枝多、叶片茂密浓绿、花苞数多、无病虫害者，同时注意植株不可摇晃，根系发育需健全。

一般栽培要点

花烟草主要以秋播春初开花为主，目前市场上在夏季或秋季也有花烟草上市，主要是4、5月播种的，此时的花烟草应注意根系发育是否完整，同时夏季高温，水分的控制更为严苛。春季栽培日照须充足，日照不足植株容易徒长且开花少而花色淡，夏季半日照下也可栽培。栽培花烟草水分必须足够，但是若土壤积水，根容易腐烂，使生长受影响，因此可用含珍珠石多的无土介质。花烟草用播种繁殖，种子细小，可混细沙用撒播。发芽过程需光照，因此不必覆土。生育期生长快速，添加有机肥有利生长，但是若叶片过分茂密将使开花减少，因此生育期施用速效肥，可使用三要素比例为10：30：20的速效肥，每7～10天施用1次。

品种

花色很多，有白色、淡黄色、桃红色、紫红色等。

Capsicum

观赏辣椒

观赏辣椒类品种很多，常见的有樱桃小辣椒、长果朝天椒、五彩椒及巨无霸辣椒等，很多人以为观赏辣椒不能吃，其实它是因为果实小巧玲珑，具观赏价值而取名为观赏辣椒，不但可食还很辣哦！观赏辣椒果实向上生长与一般辣椒果实朝下生长不同，因此又称为“朝天椒”。辣椒原产于热带南美洲，哥伦布发现新大陆时把它带回西班牙，经过一个世纪传入中欧，渐渐培育出许多果实形状奇特的辣椒，而进入花卉市场。

- 别称：番椒
- 英名：Capsicum
- 学名：*Capsicum annuum*
- 科名：茄科
- 花期：3~7月
- 花语：引人注目

土壤

喜欢疏松、排水良好的砂土或无土介质。

水分

观赏辣椒不耐干旱、不喜潮湿，盆土湿度若过高容易得病。

日照

须全日照，日照不足会开花及结果不良。

温度

播种适温20～25℃，生育适温15～30℃。

肥料

于介质中混入有机肥可促进生长及开花，在生长期间每7～10天施用1次稀释1 000倍的速效肥。

选购要领

观赏辣椒根系不发达，选购时除注意花多果实多之外，植株不可摇晃，根系多更好，5～9月避免购买，以免结果不良。

一般栽培要点

观赏辣椒根系较不发达，主根长但须根少，栽培时须注意不可伤害根系。观赏辣椒对水分需求较高，不可干燥也不可过分湿润。生长温度太高，易造成植株根系老化，使得生长不良，开花不结果，因此5月后不要购买还未结果的植株。观赏辣椒以播种繁殖为主，3～4月播种，6～7月开花；9～11月播种，3～5月开花。播种前先将种子泡水，5～10天就会发芽，本叶长到4片以上时就可移植，移植后可立即摘心以促进分枝，开花前再摘1次心。生长期间应注意浇水，不可干旱。生育期施肥可用三要素比例为20：20：20的速效肥，开花结果期可与三要素比例为10：30：20的速效肥稀释1 000倍混用，每周1次。

品种

观赏辣椒品种很多，常见的有樱桃小辣椒、长果朝天椒、五彩椒及巨无霸辣椒等，果色有红色、黄色及橙色等。

Geranium

天竺葵

天竺葵顾名思义就是由天竺（印度）传进来的草花，但不表示原产印度，而是原产南非。欧洲自古即有“右手捧面包、左手持天竺葵”的谚语，面包代表食粮，而天竺葵代表精神，此乃是因为欧洲最平凡的花卉是天竺葵。天竺葵的枝叶有独特的芳香味，似乎有点腥臭味，有些品种的味道较为芳香，可制成芳香剂。

- 别称：石腊红、八腊红、绣球花、洋葵、臭叶海棠、十二红
- 英名：Geranium
- 学名：*Pelargonium hortorum*
- 科名：香叶草科
- 花期：10~5月
- 花语：决心、安乐、追忆、友情

土壤

排水良好及通气性佳的无土介质。

水分

颇能耐干旱，但栽植于花盆时应注意浇水，保持盆土湿润但不积水。

日照

全日照较佳，春末光强时移至半日照也可生长开花。

温度

可稍耐高温，生长适温5～25℃。

肥料

栽培期每周施用1次稀释1 000倍的速效肥。

选购要领

播种苗较少分枝，扦插苗分枝较多，因此宜选分株多且已有花苞者。

一般栽培要点

天竺葵播种较不容易，因此趣味栽培者可用扦插法，于秋季剪取茎顶约5厘米，插于干净介质中，保持湿度不可积水，2周左右可发根，发根1个月后生长健壮即可移苗定植。天竺葵喜欢凉爽干燥的气候，夏天高温宜放于半日照通风处。生长季节应注意花朵不可淋雨，否则易腐烂，介质也不可长期高湿。若想花开不谢，可用三要素比例为10：30：20及20：20：20的速效肥轮流施用，每周1次。天竺葵因为怕淋雨，所以很适合栽培在有遮雨的阳台上，整个秋、冬、春季都可开花不断。

品种

天竺葵有高性种（50厘米以上）、矮性种（20～30厘米）及蔓性3个品种，另外还有些叶子有斑纹者。花色部分则有白色、黄色及红色系等。

Pansy 三色堇

三色堇非常适合冬春时栽培，在日本，三色堇是春天最重要的花坛植物，三色堇也是意大利的国花。希腊神话描写三色堇的颜色，说是爱神邱比特有一次射箭时因风向改变，不小心射到白堇花，受了伤的白堇花伤口流血，因疼痛而流泪，当血、泪干燥后，伤口处即变成蓝色、黄色及白色，也因此被命名为“三色堇”。又因为它的上瓣与侧瓣、唇瓣的颜色不同，而侧瓣及唇瓣会呈现出各种不同的深浅变化或斑块或镶嵌，因而被称为“蝴蝶花”、“猫脸花”及“人面花”等。

- 别称：蝴蝶花、猫脸花、人面花、鬼脸花、蝴蝶梅、游蝶花
- 英名：Pansy,Ladies-delight,Heartsease,Stepmother's flower
- 学名：*Viola tricolor linn*
- 科名：堇菜科
- 花期：11~5月
- 花语：沉思

土壤

保水性强、通气性好的无土介质为佳。

水分

须保持盆土湿润，轻微干旱会导致植株生育不良甚至死亡。

日照

全日照或半日照都可以，但以全日照花开较鲜艳且多。

温度

生育适温20～25℃。

肥料

于介质中混入有机肥，在栽培期间每5～7天施用1次速效肥（三要素比例为10：30：20，稀释1 000倍使用）。

选购要领

三色堇苗期根系生长较慢，因此选购时应注意根系完整、植株健壮、枝叶肥大及花苞多者。

一般栽培要点

三色堇苗期较长，而且不容易照顾，对于水分的要求较严苛，水分太多根系生育受阻容易腐烂，浇水不足又容易枯萎，因此趣味栽培者可至花市购买成株栽培。

三色堇性喜冷凉，忌高温多湿，因此栽培三色堇可选用通气性较佳的介质，以利根系生长。于晴天时每天浇水，雨天时须注意遮雨，以免太过潮湿而腐烂。

品种

三色堇的品系很多，一般以一代交配种的花期较长，也有二次交配及放任采种者；花色非常多，各种颜色均有，侧瓣及唇瓣的颜色变化也很丰富。

Common Snapdragon

金鱼草

乍看之下金鱼草就像是许多张着嘴的金鱼，它“多嘴”及“好管闲事”的称号可能就是这样来的。可用手指轻压小花喉部两侧，此时花口如上下唇张开闭合，看起来像兔子，因此又称为“兔子花”，西洋人称为“龙口花”或“龙头花”，不管怎么称呼都因为它的花形奇特而联想的。金鱼草有一种特殊的香味，西洋人视之为除魔香，直到今日仍在使用。

- 别称：兔子草、龙口花、狮子花
- 英名：Common snapdragon,Garden snapdragon
- 学名：*Antirrhinum majus*
- 科名：玄参科
- 花期：12~5月
- 花语：多嘴、好管闲事

土壤

排水良好、富含有机质的无土介质或黏质壤土均可。

水分

以保持盆土湿润不积水为原则，干旱枝叶会下垂，此时尽快浇水仍可恢复生长。

日照

全日照的场所较佳。

温度

生育适温15～25℃。

肥料

栽培期间每5～7天施用1次速效肥（三要素比例为10：30：20，稀释1 000倍使用）。

选购要领

金鱼草不同品种之间分枝性差很多，因此在选购时应选分枝多且有花苞者。

一般栽培要点

金鱼草的种子非常细小，而且若未事先处理会发芽不整齐，因此趣味栽培者可至花市买苗回来栽培。金鱼草应栽培在全日照处，若日照不足将会导致徒长、分枝少且开花少，水分管理上应保持介质湿润，轻微干旱会使下位叶褐化、植株生长缓慢且开花少而小。栽培期间每周必须施给三要素比例为10：30：20的速效肥，植株就会开花不断。当植株一直开花使茎伸长，此时可实施疏密剪，以促进分枝及更新枝条。

品种

有高性（100厘米），切花用种及矮性（20～40厘米），花坛用；花色有黄、白、橙、粉红、紫红至深红色。

草花排行榜

难易级别	名称	科名	花期	繁殖期	水分	日照	温度(℃)	肥料	页次
初级班	万寿菊	菊科	全年	3~9月	2	全	10~30	少	046
	马缨丹	马鞭草科	全年	5~10月	1	全	22~28	少	042
	细叶雪茄花	千屈菜科	全年	5~10月	2	全	20~30	中	040
	红苋、绿苋	苋科	全年	5~10月	2	全	15~35	中	044
	紫蔓鸡冠	苋科	全年	5~10月	1	全	15~35	中	048
	蓝星花	旋花科	全年	5~10月	1	全	20~28	中	050
	彩叶草	唇形花科	全年	3~8月	2	半~全	20~30	中	052
	黄花波斯菊	菊科	3~11月	1~9月	2	全	15~25	少	054
	黄帝菊	菊科	4~10月	2~7月	1	全	15~25	中	060
	粉萼鼠尾草	唇形花科	4~10月	2~8月	3	全	15~30	中	056
	马齿牡丹	马齿苋科	4~10月	3~8月	3	全	15~30	多	058
	日日春	夹竹桃科	5~10月	2~8月	3	全	20~35	多	062
	茑萝	旋花科	5~10月	3~8月	1	全	20~30	中	078
	红毛苋	苋科	5~10月	5~9月	1	全	15~30	多	064
	夏堇	玄参科	6~10月	3~8月	1	半~全	20~30	多	066
	大波斯菊	菊科	9~4月	7~3月	1	全	18~25	多	068
	一串红	唇形花科	9~5月	7~12月	3	全	15~30	中	070
	孔雀草	菊科	10~4月	7~3月	2	全	15~30	中	072
	四季秋海棠	秋海棠科	10~5月	7~3月	2	全	15~25	多	074
	非洲凤仙花	凤仙花科	10~5月	8~1月	1	半~全	15~25	多	076
中级班	醉蝶花	白花菜科	3~10月	3~5月	3	半~全	15~35	少	108
	千日红	苋科	4~11月	2~9月	3	全	15~30	中	082
	鸡冠花	苋科	4~11月	2~9月	3	全	15~30	中	084
	百日草	菊科	5~10月	3~7月	2	全	20~30	多	088
	繁星花	茜草科	5~10月	3~7月	2	全	18~30	中	090
	松叶牡丹	马齿苋科	5~10月	3~8月	3	全	18~30	少	086
	藿香蓟	菊科	6~10月	2~4月	3	半~全	18~30	少	110
	牵牛花	旋花科	6~10月	2~8月	2	全	20~30	多	092
	金毛菊	菊科	9~4月	全年	1	半~全	20~30	中	094
	矮牵牛	茄科	10~4月	7~12月	1	半~全	10~20	多	102
	满天星	石竹科	10~4月	8~12月	2	全	15~25	多	098
	石竹	石竹科	11~5月	7~12月	1	半~全	15~28	多	096
	香雪球	十字花科	12~4月	9~2月	2	半~全	10~20	中	106
	金莲花	金莲花科	12~4月	10~2月	3	半~全	12~25	中	104
	美女樱	马鞭草科	12~5月	9~12月	2	全	5~25	中	100
高级班	花烟草	茄科	3~5月	1~4月	1	全	10~25	多	114
	观赏辣椒	茄科	3~7月	9~5月	1	全	15~30	多	116
	天竺葵	香叶草科	10~5月	8~12月	2	全	5~25	多	118
	三色堇	堇菜科	11~5月	9~2月	1	半~全	20~25	多	120
	金鱼草	玄参科	12~5月	8~2月	2	全	15~25	多	122

花历表

名称	花期	繁殖期
彩叶草	全年	3～8月
万寿菊	全年	3～9月
细叶雪茄花	全年	5～10月
红苋、绿苋	全年	5～10月
紫蔓鸡冠	全年	5～10月
马缨丹	全年	5～10月
蓝星花	全年	5～10月
花烟草	3～5月	1～4月
观赏辣椒	3～7月	9～5月
醉蝶花	3～10月	3～5月
黄花波斯菊、	3～11月	1～9月
黄帝菊	4～10月	2～7月
粉萼鼠尾草	4～10月	2～8月
马齿牡丹	4～10月	3～8月
千日红	4～11月	2～9月
鸡冠花	4～11月	2～9月
日日春	5～10月	2～8月
繁星花	5～10月	3～7月
百日草	5～10月	3～7月
茑萝	5～10月	3～8月
松叶牡丹	5～10月	3～8月
红毛苋	5～10月	5～9月
藿香蓟	6～10月	2～4月
牵牛花	6～10月	2～8月
夏堇	6～10月	3～8月
金毛菊	9～4月	全年
大波斯菊	9～4月	7～3月
一串红	9～5月	7～12月
孔雀草	10～4月	7～3月
矮牵牛	10～4月	7～12月
满天星	10～4月	8～12月
四季秋海棠	10～5月	7～3月
非洲凤仙花	10～5月	8～1月
天竺葵	10～5月	8～12月
石竹	11～5月	7～12月
三色堇	11～5月	9～2月
香雪球	12～4月	9～2月
金莲花	12～4月	10～2月
金鱼草	12～5月	8～2月
美女樱	12～5月	9～12月

图书在版编目(CIP)数据

在家种花真简单/罗文祥著．—北京：中国农业大学出版社，2008.10
ISBN 978-7-81117-558-5

Ⅰ．在…　Ⅱ．罗…　Ⅲ．花卉-观赏园艺　Ⅳ．S68

中国版本图书馆 CIP 数据核字(2008)第 122670 号

著作权合同登记图字：01-2008-3245

书　　名　在家种花真简单
作　　者　罗文祥　著

策划编辑　六睿工社　　**责任编辑**　董田
封面设计　北京水长流文化发展有限公司
出版发行　中国农业大学出版社
社　　址　北京市海淀区圆明园西路 2 号　　**邮政编码**　100193
电　　话　发行部 010-62731190，2620　　读者服务部 010-62732336
　　　　　编辑部 010-62732617，2618　　出　版　部 010-62733440
网　　址　http://www.cau.edu.cn/caup　　**e-mail** cbsszs@cau.edu.cn
经　　销　新华书店
印　　刷　涿州市星河印刷有限公司
版　　次　2008 年 10 月第 1 版　　2012 年 2 月第 2 次印刷
规　　格　889×1194　24 开本　5.25 印张　143 千字
定　　价　23.00 元

图书如有质量问题，本社发行部负责调换